U0320667

今日便当

[日] 井上佳苗◎著　　刘晓冉◎译

南海出版公司
2017·海口

前言

从将大儿子送到保育院后，我就开始为一直都在工作的自己和丈夫制作便当，如此算下来也大概有 10 年了……

丈夫比较喜欢色泽浓郁的菜肴，于是我将给丈夫制作的便当食谱编辑加工后出版了第一本便当书《满满的爱意大叔便当》。那个时候，工作日要为丈夫制作便当，周末则要给正在读中学并参加足球俱乐部的儿子制作便当，感觉每天都在不停地做，就这样做了 5 年。我的二女儿进入中学后就更夸张了，因为她所在的中学是没有节假日的全学制，逼迫着我每天都要制作多份便当（女儿每周 7 份便当，考入大学的大儿子每周 4 份便当）！值得庆幸的是，这时候丈夫的工作单位已经开始提供美味的工作餐了，这也算是让我有了一点解脱！

以前都是制作适合搭配米饭的简单便当——色泽浓郁的"大叔便当"，但是，女儿对便当的要求很高，需要制作者在将便当制作出来后首先考虑一下食用者是否喜欢，从对方的视角去看待这是否是一份"超赞便当"。

不过，从制作者的视角来看，将制作简单、操作时间短、食材便宜等作为首要因素来考虑是很重要的。而且，在此基础上还能够非常好吃、十分精致、想要向朋友们炫耀，那就一定是"超赞便当"了。

女儿总是很认真地吃着我做的每一道菜，并将她品尝后的感受传达给我。每天听着女儿的真实感受，我也会想象着"自己下次一定要如何如何制作便当""明天的便当要比今天的更好""放上这个她一定会喜欢吧""这样做她一定会跟我说特别好吃吧""这个便当一定会让她的朋友们夸赞'你妈妈真厉害'吧"……渐渐的，我的便当制作水平也得到了提高（也许现在还在提高中）。

这本书收纳了 201 款可以在短时间内就能做成的"超赞便当"。早上只需要 10 分钟就可以制作好便当，而且不用非常新鲜或是特意购买的食材，只用平时冰箱中都有的基础食材就能制作出被初高中女生们称赞"超好吃！""好可爱！""你妈妈真厉害"的"超赞便当"。

我想，这是一本非常值得推荐的便当书，一定会为大家每天制作便当起到一定帮助的。

家庭介绍

佳苗姐（妈妈）

非常喜欢料理并以此为工作的料理博客作家。每个月都要去东京出差8次，但都尽量当日回家，因为要给女儿制作便当。不论多晚回家，第二天都会像往常一样5点半起床制作便当，就这样过着辛苦又充实的每一天。

天吉哥哥（大儿子）

大学二年级学生。其实本可以选择吃学校食堂、校外餐馆或大学里常卖的280日元1份的便当（超级便宜，合人民币仅20元），但就是喜欢每天都带自家便当。难道是为了节约？顺便说一句，天吉的料理做得非常好，是妈妈出差的时候可以为妹妹们轻松制作料理的水平。

小娜（二女儿）

中学三年级学生。小娜就读的中学需要每天准备便当。虽然学校也有午餐，但是她所在的社团有规定，禁止食用学校午餐，也禁止发胖。非常喜欢吃，特别喜欢泰国料理、特别喜欢香菜、特别喜欢牡蛎料理……总是在"思考"好吃的东西。

小思（三女儿）

中学一年级学生。因为小思就读的中学每天都给学生配餐，所以基本不需要便当。偶尔需要制作周末参加社团活动或学校郊游活动的便当。因为对食物的好恶特别多，所以妈妈现在就开始琢磨她上了高中后每天要带的便当中放什么菜肴。

先生（丈夫）

比佳苗姐大6岁的白领。不会与同事、朋友、周围的人谈及任何有关妻子工作的话题。何止是不会做什么料理，连厨房都没有迈进过一步，不过最近能煮咖啡了（一大进步）。

小明（爱犬）

拉布拉多寻回犬（小母犬）。喜欢妈妈喜欢得不得了的跟屁虫。

目 录

天吉妈妈的
早上 10 分钟，
只用现有食材的
"超赞便当"

只用现有食材制作的"超赞便当" ♥
真实的 1 周便当

第一章
好吃的秘密

制作快捷、好吃的便当的 7 条秘诀

浓郁鲜香的甜咸味

简单咸味

味噌味

清爽酱油味

蛋黄酱味

第二章
快速制作的技巧

第三章
可爱便当的诀窍

天吉妈妈的
早上10分钟，只用现有
食材的"超赞便当"

如果每天都很忙碌，那么一定就会有不能去买菜的日子，也会有"哎呀，能当便当主角的食材一样都没有"的日子。但是，这都没有关系！只需要用每家冰箱里都会备用的常有食材就能做出好吃又可爱的"超赞便当"，连对味道、品相都十分挑剔的女儿们也大加赞赏。

即便常买的食材只有这些，每天也能做出"超赞便当"

我家冰箱里的基本食材全都是任何一个超市全年都有售卖的品种，没有什么特别的食材。但是，只用这些就足够做出每天富于变化的便当了。本书所有菜谱基本上使用的都是下面提到的食材。

薄片肉

用于炒菜或卷蔬菜。
有猪五花肉、猪腿肉、牛肉等。

鸡肉

按照喜好分别使用鸡腿肉、
鸡胸肉等。

肉馅

根据料理分别使用猪肉、
鸡肉、混合肉等。

青鱼类

青花鱼、马鲛等。
有脂肪，味道醇厚。

白身鱼类

三文鱼、鳕鱼等。
因为很清淡，所以能搭配不同的调味料。

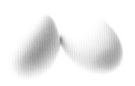

鸡蛋

味道鲜、色彩好、营养价值高，
一举三得的好食材。

土豆

易保存，因为饱腹感很好，
所以非常好用。

胡萝卜

利于保存，营养价值也很高，
可增加便当的色彩！

洋葱

易保存，可作为主菜或
配菜的辅助食材。

圆白菜

日餐、西餐都能使用的多变、
应有自由的方便食材。

西蓝花

色彩鲜艳，形状可爱。
只要放进来，就能提升便当的颜值。

芹菜

我家偏爱的蔬菜，独特的香味和
味道非常受家人的欢迎！

牛蒡

独特的口感和风味引人食欲。
属于常备菜。

莲藕

看起来很可爱。
用不同的切法可改变口感。

茄子

这也是我家偏爱的蔬菜之一。
小娜非常喜欢。

南瓜

能做成零食的甜味蔬菜。
白薯也同样使用。

青椒

用于炒菜等。
彩椒也同样使用。

四季豆

细长的形状非常好用。
芦笋、豌豆等也同样使用。

青菜类

小松菜、菠菜、小白菜、
豌豆苗等。

香辛蔬菜

少量就能改变味道。
香葱、紫苏叶、生姜等。

只用这些
就可以制作出每天
富于变化的便当。

常备这些很方便使用的
食材和调味料

下面将介绍冷冻或冷藏保存起来后使用十分方便的食材，以及为了更美味地制作便当而常备的几种非常好用的干货和调味料！

食 材

冷冻混合海鲜
没有鱼贝类的时候，
有此即可。

面
面类冷冻保存，
能做出样子不同的便当。

培根
因为有咸味和肉香，所以可以
让清淡的食材变得很好吃。

竹轮卷
直接吃、炒着吃都可以。
经常代替鱿鱼使用。

油炸豆腐
适度的油分和豆香，
与任何蔬菜都能搭配。

高野豆腐
口感意外的弹牙，
是十分健康的食材。

坚果与水果干
杏仁、葡萄干等，
可以为沙拉等增加变化。

奶酪类
奶酪片、奶油奶酪、奶酪粉等，
增加浓郁香味。

干裙带菜碎
如果不泡发使用，
有吸收菜肴水分的作用。

咸海带
同增加咸味和香浓的
调味料一样实用。

木鱼花
提升鲜味的万能食材。
也有吸收菜肴水分的作用。

樱花虾
独特的鲜味和香味很受欢迎。
粉红的颜色还有提升菜肴
色彩的作用。

芝麻

芝麻碎可以十分方便的使用。有吸收水分的效果。

青海苔

为味道增加变化，美味菜肴的"幕后英雄"。

炸洋葱

可以代替炒洋葱使用。味道香浓。

罐头

金枪鱼罐头、青花鱼罐头等。用于日式菜肴和沙拉等。

调味料

浓口酱油

内含高汤，使用十分方便。我家使用的是两倍浓缩的酱油。

高汤白酱油

颜色很淡，只要一点点便能决定味道的鲜香。

枫糖浆

作为液体甜味剂十分方便。比蜂蜜更加甘醇。

柠檬汁

没有生柠檬的时候使用。增加清爽的酸味。

混合香草

意大利风味，给味道增加变化时使用。

梅肉酱

代替梅子使用十分方便。1个梅子的量大约是1小勺梅肉酱。

管装生姜

代替生姜碎，方便实用。

管装辣椒酱

想增加辣味时使用。比豆瓣酱更加甜辣，使用方便。

本书中的阅读说明

- 1大勺是15ml，1小勺是5ml。
- 微波炉的加热时间以600瓦功率的机器为准。使用500瓦的微波炉时，以1.2倍加热时间为宜。根据机器种类不同也会有差别，请酌情加热。另外，请注意微波炉中不能使用金属容器和搪瓷容器。
- 烤鱼架请使用燃气炉配用的种类。如果是电磁炉的烤网，加热时间会延长，请酌情加热。
- 使用微波炉的菜谱标记为R，使用烤鱼架的菜谱标记为G。

- 浓口酱油使用的是两倍浓缩型。
- 用梅肉酱代替梅子时，以1个梅子=1小勺梅肉酱为基准。
- 生姜碎可以用管装生姜代替，柠檬汁可以用瓶装柠檬果汁代替。

只用现有食材制作
的"超赞便当" ♥

真实的1周便当

为上中学的小娜和上大学的天吉哥哥（偶尔也有小女儿小思）制作每天的便当。
首先查看冰箱中的食材，然后利用早上的10分钟轻松完成制作！
即使没有特殊的食材，只要经过不同的搭配，一样能做出每天都吃不够的便当。
这里还附上了哥哥、小娜、小思的评价。

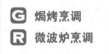

G 焗烤烹调
R 微波炉烹调

黄油酱油烧鸡肉土豆

食材（1人份）

鸡腿肉······1/2片（120g）
土豆······1小个
盐、色拉油······各少许
A ┌ 砂糖、味啉、酱油······各1小勺
  └ 黄油······10g

制作方法
1. 将鸡肉切成1口大小的细长条，撒少许盐，腌制5分钟。将土豆切成1口大小，过水洗净后包在保鲜膜中，用微波炉加热1分30秒左右。
2. 在煎锅中倒入色拉油，将1的鸡皮向下排列在煎锅中，煎至两面恰到好处。同时在煎锅中空的地方煎土豆。
3. 放入A，裹满所有食材后关火。

味噌酱拌芦笋　**G**

食材（1人份）

芦笋······3根
A ┌ 味噌······1/2小勺
  └ 芝麻碎······1小勺

制作方法
1. 将芦笋削掉根部的皮，切成3等份。
2. 将1包在锡纸中，用烤鱼架焗3分钟。打开锡纸，趁热放入A拌匀。

蛋黄酱裙带菜玉子烧

食材（2人份）

鸡蛋······2个
A ┌ 蛋黄酱······1大勺
  │ 水······1大勺
  │ 干裙带菜碎······1小勺
  └ 酱油······1/2小勺
色拉油······少许

制作方法
1. 在盆中打入鸡蛋，放入A，混合均匀。
2. 在玉子烧煎锅中倒入色拉油，将1的蛋液分3次倒入煎锅，由内向外卷起来，制作成玉子烧。晾凉后切成易于食用的大小。

星期一

味道浓厚，补充能量！

黄油酱油烧
鸡肉土豆便当

黄油酱油配米饭
也太合适了……
（小娜）

烤三文鱼春卷 G

食材（1人份）

生三文鱼	1块（120g）
盐	少许
紫苏叶	4片
梅子	1个
奶酪片	1片
春卷皮	2片
色拉油	2小勺

制作方法

1. 将三文鱼切成两半，撒入盐，腌制5分钟。梅子去核，用刀拍成酱状。奶酪切成两半。

2. 在1片春卷皮上放2片紫苏叶、1/2块三文鱼、1/2片奶酪、梅子，卷起来。卷好的尾部向下放置。制作2个。

3. 将2放在锡纸上，从上面淋满色拉油。锡纸打开着，在烤鱼架上用小火烤6分钟，中途翻面加热。加热结束后切成两半。

咖喱煮土豆培根 R

食材（1人份）

土豆		1个
培根		1片
A	咖喱粉	1/2小勺
	砂糖、酱油	各1小勺
	黄油	5g

制作方法

1. 将土豆去皮，切成3cm的块，过水洗净。培根切成1cm宽。

2. 在耐热容器中放入1的土豆和培根，松松地盖上保鲜膜，用微波炉加热2分30秒。

3. 土豆能轻松扎透后，趁热放入A，搅拌均匀。

杏仁炒西蓝花

食材（1人份）

焯水西蓝花	4朵
浓口酱油	1小勺
杏仁片	2小勺
芝麻油	1小勺

制作方法

1. 在煎锅中倒入芝麻油，炒西蓝花和杏仁，加入浓口酱油，炒至没有水分。

星期二

可爱的粉色健康春卷！

烤三文鱼春卷便当

一周的中期，用油炸类盖饭提升精神！

油炸混合海鲜盖饭便当

放入青海苔的油炸菜最好吃！
（哥哥）

星期三

油炸混合海鲜盖饭

食材（1人份）

冷冻混合海鲜	100g
冷冻毛豆粒	1大勺
盐	少许
低筋面粉	3大勺
青海苔	1小勺
水	1大勺
色拉油、米饭	各适量
A [枫糖浆、酱油]	各1小勺

制作方法

1. 前一晚，将混合海鲜和毛豆粒放入冰箱冷藏室中自然解冻。控干水后放入盆中，加入盐、低筋粉、青海苔后混合均匀。再加入水，轻轻混合。

2. 在煎锅中倒入色拉油，开火，用勺子将1分两次放入锅中。一面凝固后翻面，炸至两面都合适后盛出，放在厨房纸巾上吸油。

3. 在小盘中混合A，用小勺洒在炸好的**2**上，放在米饭上。

梅子拌豌豆苗 ®

食材（1人份）

豌豆苗	1/2袋
梅子	1/2个
高汤白酱油	1小勺
芝麻碎	1小勺

制作方法

1. 将豌豆苗切成一半长，用保鲜膜包裹后，在微波炉中加热1分钟，挤干水分。

2. 将去核的梅子和高汤白酱油、芝麻碎放入盆中，放入**1**的豌豆苗，拌匀即可。

味噌酱拌焗南瓜 ©

食材（2人份）

南瓜	1/8个
黄油	10g
枫糖浆	1小勺
盐	1小撮
味噌	1小勺

制作方法

1. 将南瓜切成5mm厚，放在锡纸上，加盐后摇匀，放上黄油，用锡纸包裹起来。

2. 用烤鱼架焗7分钟左右，打开锡纸后加入枫糖浆和味噌，拌匀即可。

薄薄的猪肉片搭配米饭，口感一级棒！

猪肉薄片和牛蒡的
汉堡肉饼便当

猪肉薄片和牛蒡的
汉堡肉饼

食材（1人份）

猪肉薄片（猪肉碎肉也可以）	80g
牛蒡	1/4根
鸡蛋	1小个
马铃薯淀粉	2小时
盐、胡椒、色拉油	各少许
A [番茄酱	1大勺
味啉、酱油	各1小勺

制作方法

1. 将猪肉切成1cm，牛蒡用削皮器去皮。在盆中放入猪肉、牛蒡、鸡蛋、马铃薯淀粉、盐、胡椒，用筷子搅拌均匀。
2. 在煎锅中加入油，开火。用勺子将1分两次放入锅中。盖上盖子，蒸煎2面，裹上A。

辣椒酱拌菠菜和奶酪

食材（1人份）

焯水菠菜	50g
奶酪片	1片
A [辣椒酱、酱油]	各1/2小勺

制作方法

1. 将奶酪切成1cm宽的方块。
2. 在盆中放入切成段的菠菜和1的奶酪，加入A后搅拌均匀。

咸海带焗胡萝卜土豆 Ｇ

食材（1人份）

胡萝卜	1/3根（约70g）
土豆	1小个
咸海带	1大勺
芝麻油	1小勺

制作方法

1. 将胡萝卜和土豆切成细丝（土豆过水洗净）。
2. 铺平锡纸，放上1，淋入芝麻油后将锡纸包起来。放在烤鱼架上焗5分钟左右。打开锡纸，放入咸海带后混合均匀即可。

虽然肉裹在外面，但豆腐中间有很多肉汁，好吃好吃！
（小娜）

照烧味道的菜推荐搭配米饭食用!

照烧高野豆腐
盖饭便当

照烧高野豆腐盖饭

食材（1人份）

高野豆腐	1片
猪肉薄片	4片（120g）
海苔	1/2片
马铃薯淀粉	少许
芝麻油	1大勺
紫苏叶	2片
红生姜、米饭、白芝麻	各适量

A ┌ 浓口酱油 …… 2大勺
  │ 水 …… 2大勺
  └ 砂糖 …… 1小勺

制作方法

1. 将高野豆腐浮在水中泡1分钟，然后切成一半厚度的2片（共切成4片）。在豆腐外面卷上猪肉，再卷上海苔，拍上马铃薯淀粉。

2. 在煎锅中加入芝麻油，开火。将1排列在锅中，不断翻面煎烤熟。待豆腐全部烤出颜色后加入A，裹匀。

3. 在米饭上放上紫苏叶，将2放在紫苏叶上，撒上红生姜和白芝麻。

咸口柠檬味蒸蘑菇四季豆 Ⓡ

食材（1人份）

丛生口蘑	1/2袋
四季豆	5根
黄油	5g
柠檬汁	1小勺
盐	少许

制作方法

1. 将丛生口蘑分成小朵。将四季豆去蒂后切成3等份。

2. 将1放入耐热容器中，放上黄油，松松地盖上保鲜膜，用微波炉加热2分钟。趁热揭掉保鲜膜，加入柠檬汁和盐，混合均匀即可。

土豆番茄酱沙拉 Ⓡ

食材（2人份）

土豆	1个
盐、胡椒	各少许
米醋	1/2小勺

A ┌ 炸洋葱 …… 1大勺
  │ 番茄酱 …… 1小勺
  └ 蛋黄酱 …… 1小勺

制作方法

1. 土豆去皮后切成边长3cm的块，过水洗净，放入耐热容器中，松松地盖上保鲜膜，用微波炉加热2分钟。

2. 趁热混合盐、胡椒、米醋后放凉。

3. 加入A后混合均匀即可。

星期六

非常受女儿喜爱的简单的女孩便当!

蛋包饭便当

蛋包饭

食材（1人份）

鸡肉馅	50g
炸洋葱	1大勺
（可以用1/4个洋葱代替）	
青椒	1/2个
米饭	适量
黄油	10g
色拉油	少量
鸡蛋	1个
盐、胡椒	各少许
番茄酱	2大勺
酱油	1小勺
意大利芹菜	适量

制作方法

1. 将青椒切碎（如果没有炸洋葱，将1/4个洋葱切碎后事先炒熟）。将鸡蛋打入盆中，撒入一点盐、花椒后混合均匀。

2. 在煎锅中倒入油，倒入蛋液，背面凝固后翻面，将鸡蛋煎熟后放入盘中。

3. 在空的煎锅中放入黄油，炒肉馅，轻轻撒入盐、胡椒调味。加入青椒后继续翻炒，加入番茄酱和酱油后煮浓一点。加入米饭，打散的同时炒匀。加入炸洋葱，用盐、胡椒调味。

4. 在便当盒中放入**3**的番茄酱炒饭后盖上**2**的鸡蛋，挤上番茄酱，装饰意大利芹菜。

白薯蛋黄酱沙拉　　Ⓡ

食材（1人份）

白薯	1/2大个
四季豆	5根
A ┌ 盐、胡椒	各少许
｜ 枫糖浆、柠檬汁	各1小勺
└ 葡萄干	1小勺
蛋黄酱	1大勺

制作方法

1. 将白薯切成小丁后过水洗净。将四季豆去蒂后切成4等份。

2. 将**1**放入耐热容器中，松松地盖上保鲜膜，用微波炉加热2分30秒。趁热撒入**A**。

3. 晾凉后，用蛋黄酱调味。

重点1
重点是先给配菜调味后再加入白米饭！这样，即使凉了，饭也不会变黏。

重点2
番茄酱炒饭和便当盒之间稍稍留有空隙的话，鸡蛋更容易盖好。

太好吃了！
有这盒便当
就足够了。
（小娜）

大儿子天吉和便当的那些事

两年前，在大儿子天吉的高中毕业典礼上。

"妈妈，谢谢您 3 年来每天早上为我做便当！"虽然这句话是其他孩子说的，但仍然让我泪如雨下。而这句台词也成为了很多出席毕业典礼的妈妈们一齐用手帕擦拭眼睛的信号。就是现在想起来也让我不禁热泪盈眶（虽然不知道是谁说的这句话）。

每天都要制作便当的 3 年。有加班晚归还依旧早早起床的第二天早晨、有稀里糊涂又睡着而慌慌张张只做了蛋炒饭的早晨、有猛然发现忘了按下煮饭键的早晨、有没放水就蒸饭导致蒸出生米的早晨、有前一天吵架后还没有找到和好的时机而生着气的早晨、有下雨的早晨、有刮风的早晨、有下雪的早晨……

"很好吃呀！我吃好啦！"
这样的话天吉是怎么也不会说的；
"总是让妈妈早起，真是抱歉！"
我知道这样的话天吉是无论如何都说不出来的。

说起来，偶尔他也会忘记把便当盒带回来，或是因为乱放而把便当盒弄得坑坑洼洼，即便如此，我依然给这个小子努力地做了 3 年便当。估计以后给他做便当的机会已经没有了吧……

因为那个让我泪流满面的毕业典礼已经过去两年了。

现在，天吉是一个每天往返学校的大二的学生。谁能想象一个大学生还每天拿着便当去学校。我的儿子现在已经是大学生了，但我还能给他做便当，我想我是幸福的，是的……

第一章
好吃的秘密

一份便当吃到最后依旧特别美味的秘密就是
菜肴的味道不能相互覆盖。
这里就为大家介绍按照味道分类的菜谱。

制作快捷、好吃的便当的 7 条秘诀
味道分类菜谱
浓郁鲜香的甜咸味、简单咸味、味噌味、清爽酱油味、
蛋黄酱味、番茄酱味、梅子味、
咖喱味、沙拉与甜品

制作快捷、好吃的便当的
7 条秘诀

做让孩子们都觉得好吃的便当是有秘诀的。

现在，我要将快速制作"超赞便当"的秘密全部公开。

1 | 与米饭相配、入味的菜肴

因为便当是凉了之后吃的，所以充分入味、能下饭的菜肴才会特别好吃。

2 | 菜肴的味道不能相互覆盖

放入便当的菜肴如果味道相同，即使食材不同，也会给人每种菜肴都相似的印象。
请参考P28～P55的味道分类菜谱选择完全不同味道的菜肴。

3 | 菜肴的种类有 3 种就够了

即使没有复杂地做出很多种菜肴也没关系。只要将每道菜肴做出不同的味道，
然后满满地盛进便当盒，有3种菜肴就足够了。

4 | 沙拉或水果类放进其他容器中

有酸味的沙拉或腌菜、甜味的水果或甜点等不要和
其他味道的菜肴混在一起，最好放在其他容器中。

5 | 前一晚将食材切好并码上底味就会轻松很多

可以在做晚饭时顺便将便当用的肉等切好，
加入盐、胡椒后包进保鲜膜中，放在冰箱里冷藏，
第二天早上连案板都不用拿出来就可以马上进行烹调了，非常轻松的。

6 | 充分活用煎锅、微波炉、烤鱼架

制作便当时非常方便实用的工具就是烤鱼架。将食材包在
锡纸中，然后放在烤鱼架上一焗，马上就能做出多种菜
肴。如果与煎锅、微波炉一起使用，就能实现所有菜肴一
起出锅。

7 | 准备迷你尺寸的烹调用具会十分方便

对于制作1人份或2人份的菜肴来说，用大号的烹调用具费力
又浪费。准备做便当用的小号盆和小号煎锅等就能实现轻松
烹调。

浓郁鲜香的甜咸味

有多少米饭都能吃下去，便当菜肴就要这么下饭！

主菜

蚝油炒牛肉鸡蛋

食材（1人份）

鸡蛋	1个
牛肉薄片	80g
A ⎡蚝油	1小勺
⎟砂糖	1小撮
⎣酱油	1/2小勺
色拉油、盐、胡椒、小葱、芝麻碎	各少许

制作方法

1. 将牛肉切成易于食用的长度。鸡蛋打入容器中，加入盐、胡椒，搅匀。
2. 在煎锅中倒入色拉油，开火。倒入蛋液，搅碎后盛出。
3. 在空的煎锅中放入牛肉，炒至变色后用A调味。放入2的鸡蛋，加入切成小段的小葱和芝麻碎，混合均匀后关火。

*可以添加喜欢的绿色蔬菜，色彩会更漂亮。

主菜

焗鸡腿肉浇蛋黄酱 Ⓖ

食材（1人份）

鸡腿肉	1/2片
A ⎡蜂蜜、酒	各1小勺
⎟酱油	2小勺
⎣马铃薯淀粉	1/2小勺
蛋黄酱、七味粉	各适量

制作方法

1. 将鸡肉切成1口大小，将A揉搓至鸡肉上，腌10分钟。
2. 将1的鸡肉包在锡纸中，用烤鱼架焗8分钟。
3. 挤上蛋黄酱，打开锡纸的口，在烤鱼架上烤1分钟。根据喜好撒上七味粉。

*用鸡胸肉也可以。

配菜

甜辣味木鱼花煮青椒 Ⓡ

食材（1人份）

青椒	2个
味淋、酱油	各1小勺
木鱼花	1小撮

制作方法

1. 将青椒切成2cm宽的块，放入耐热容器中，撒入味淋、酱油，松松地盖上保鲜膜，用微波炉加热1分30秒。
2. 加入木鱼花，混合均匀。

*用西葫芦或苦瓜等也可以。

配菜

南瓜的甜咸沙拉 Ⓡ

食材（1人份）

南瓜	100g
盐	少许
砂糖、酱油	各1小勺
蛋黄酱	1大勺

制作方法

1. 将南瓜切成2cm宽的块，放入耐热容器中，撒入盐。松松地盖上保鲜膜，用微波炉加热2分30秒。加入砂糖、酱油混合均匀，同时晾至室温。
2. 完全晾凉后用叉子捣碎，加入蛋黄酱后混合均匀。

*用土豆也可以。

还是这个好吃！
（哥哥）

糖醋煮莲藕

食材（1人份）

莲藕·························· 80g
浓口酱油···················· 1大勺
米醋························ 1小勺
水······················· 100ml

制作方法

1. 将莲藕去皮，切成5mm厚的圆片，泡水去涩。
2. 将莲藕和浓口酱油、米醋、水一起放入锅中，开火。将莲藕煮熟，煮制约6、7分钟。
*如果将莲藕切成条，口感和味道都会完全不同。

甜咸洋葱炒猪肉

食材（1人份）

猪肉薄片···················· 3片（90g）
洋葱······················· 1/4个
色拉油····················· 少许
A ┌ 砂糖····················· 1小勺
　├ 酱油····················· 1小勺
　├ 蚝油····················· 1小勺
　└ 米醋····················· 1小勺

制作方法

1.将洋葱逆纤维切成1cm宽的条。将猪肉切成4cm宽的片。
2.在煎锅中倒入油，开火，将猪肉铺入锅中。炒好后加入洋葱翻炒一下，加入A，裹匀即可。
*用牛肉和大葱制作也很好吃。

大阪烧风味鸡胸肉

食材（1人份）

鸡大胸肉···················· 1/2片（120g）
盐、胡椒、砂糖················ 各少许
低筋粉····················· 1大勺
色拉油、大阪烧沙司、青海苔······ 各适量

制作方法

1. 将鸡肉切成薄块，加入盐、胡椒、砂糖调味。
2. 在塑料袋中放入1和低筋粉后摇匀，使鸡肉沾满低筋粉。
3. 在煎锅中倒入色拉油，开火。将2的肉码在煎锅中，将两面煎好。
4. 煎好后，淋上大阪烧沙司，再撒上青海苔。
*也可以一起挤入蛋黄酱。

配菜

甜辣青椒炒白薯

食材（1人份）

白薯······················· 1小根（200g）
青椒······················· 1个
咸海带····················· 用筷子夹起1小撮
枫糖浆、酱油················· 各1小勺
色拉油····················· 少许

制作方法

1. 将白薯切成条状，过水洗净。将青椒切成丝。
2. 在煎锅中倒入色拉油，将白薯码在煎锅中煎熟。
3. 加入青椒，炒至柔软。加入咸海带、枫糖浆、酱油，混合均匀后关火。

好像土豆饼啊，但是味道很喜欢！
（小思）

配菜

土豆饼风味的油炸豆腐卷 R G

食材（1人份）

油炸豆腐·······················1片
土豆·························1个
盐、胡椒、大阪烧沙司、蛋黄酱、青海苔
·························各适量

制作方法

1. 将土豆切成细丝，过水洗净。放入耐热容器中，松松地盖上保鲜膜，用微波炉加热1分30秒。撒入足量的盐、胡椒，码底味。
2. 将油炸豆腐打开成1片正方形，在中间切下2片长方形。在油炸豆腐上放上1的土豆丝卷起来，最后用牙签固定。制作两个。
3. 包在锡纸中，用烤鱼架焗3分钟，淋上沙司和蛋黄酱，撒上青海苔。
*也可以加入金枪鱼或火腿卷起来。

特别喜欢！特别好吃！
（小娜）

配菜

配菜

主菜

清脆的微波炉金平胡萝卜 R

食材（1人份）

胡萝卜·················1/3大根（80g）
盐·························少量
砂糖························1小勺
酱油·······················1/2小勺
芝麻油······················1/2小勺
芝麻碎·······················1小勺

制作方法

1. 将胡萝卜切成粗条，码在耐热器皿中，撒入盐。松松地盖上保鲜膜，用微波炉加热1分30秒。
2. 撒入砂糖和酱油，不盖保鲜膜加热1分钟。撒入芝麻油和芝麻碎。
*重点是要留有脆嫩的口感。加入竹轮也很好吃。

甜咸海鲜煮土豆

食材（1人份）

土豆·························1个
冷冻混合海鲜···················100g
酒、砂糖、酱油··················各2小勺
水·························100ml

制作方法

1. 将土豆切成3cm宽的块，过水洗净。将混合海鲜放进滤网中用水冲洗，去掉表面的冰。
2. 在小锅中放入土豆、水、调味料，开火。煮开后加入海鲜，煮至煮汁变少（7~8分钟）。
*用去壳的虾或鱿鱼代替混合海鲜也可以。

甜辣汁裹脆煎猪肉

食材（1人份）

猪肉薄片···············3~4片（100g）
盐、胡椒、马铃薯淀粉、色拉油······各适量

	浓口酱油·················1大勺
A	砂糖···················1/2小勺
	米醋···················1小勺

制作方法

1. 将猪肉切成易于食用的片，撒入胡椒，两面沾上马铃薯淀粉。
2. 在煎锅中倒入色拉油，开火。将1的猪肉铺在煎锅中，两面炸烤。
3. 将肉放在一边，擦干多余的油。将A倒入锅中煮开，放回肉片后裹匀。
*和南瓜片一起烤也很美味。

这个菜一定要写上"小娜推荐"！（小娜）

甜辣炸马鲛

食材（1人份）

马鲛·························· 1块（100g）
盐、酒、马铃薯淀粉、色拉油········ 各适量
A ⎡ 辣椒酱······················1小勺
  ⎢ 砂糖························1小勺
  ⎣ 酱油························1小勺

制作方法
1. 将马鲛切成1口大小，撒入盐、酒，腌10分钟。
2. 擦干多余的水分，沾上马铃薯淀粉。
3. 在煎锅中加入多一点的油，将2的马鲛码入锅中，一边翻面，一边炸至全部熟透。
4. 在容器中混合A。放入炸好的3，充分翻动，使所有马鲛块彻底入味。
*重点是炸至酥脆。用青花鱼也可以。

甜咸味煮圆白菜 ®

食材（1人份）

圆白菜叶··························2片
樱花虾··························1大勺
味啉、酱油·····················各1小勺

制作方法
1. 将圆白菜切成1口大小，放入耐热容器中。
2. 在1中放入樱花虾、味啉、酱油，松松地盖上保鲜膜，用微波炉加热2分钟。
*放入七味粉，味道更成熟。

照烧猪肉杏鲍菇卷

食材（1人份）

猪肉薄片···················4片（120g）
杏鲍菇·····························1根
色拉油、盐、胡椒················各少许
A ⎡ 伍斯特辣酱油················1小勺
  ⎢ 砂糖························1小勺
  ⎣ 酱油······················1/2小勺

制作方法
1. 将杏鲍菇纵向对半切开，再切成条状。
2. 将猪肉切开，放上杏鲍菇，从一头开始卷，撒上盐、胡椒。
3. 在煎锅中倒入色拉油，开火。将2的肉片尾部向下码入锅中。用小火加热，不停翻面，使所有面都煎熟。加入A，浇在所有猪肉卷上，裹匀即可。
*用丛生口蘑或金针菇代替杏鲍菇也可以。

四季豆辣炒鸡腿肉

食材（1人份）

鸡腿肉·····················1/2片（120g）
四季豆·····························4根
色拉油···························少许
A ⎡ 盐··························少许
  ⎢ 蜂蜜························1小勺
  ⎢ 酱油························2小勺
  ⎣ 豆瓣酱······················1/4小勺

制作方法
1. 将鸡肉切成1口大小，裹上A，腌10分钟。将四季豆去蒂，切成4cm长。
2. 在煎锅中倒入油，开火。将1的鸡肉皮向下码在锅中。用小火慢慢煎，注意不要煎煳。加入四季豆，盖上盖子蒸煎至熟透。
3. 打开盖子，晃动煎锅，使煮汁裹匀。
*用芦笋或豌豆代替四季豆也可以。

简单
咸味

和任何食材都十分相配！怎么吃都吃不腻的基础味道！

主菜

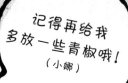

记得再给我多放一些青椒哦！
（小娜）

咸味青椒炒鸡胸肉

食材（1人份）
鸡大胸肉……………………… 1/2片（100g）
青椒…………………………………… 2小个
盐、酒、马铃薯淀粉、芝麻油……… 各少许
高汤白酱油……………………………… 2小勺

制作方法
1. 将青椒、鸡大胸肉分别切成细丝。在鸡肉上揉抹盐、酒、马铃薯淀粉。
2. 在煎锅中倒入芝麻油，开火，炒制鸡肉。鸡肉变色后加入青椒继续翻炒，用高汤白酱油调味。
*用鸡小胸肉代替鸡大胸肉也可以。青椒也可以换成芦笋或西葫芦。

焗白薯 G

食材（1人份）
白薯……………………………… 1/3根（70g）
盐…………………………………………… 少许
芝麻油…………………………………… 1小勺

制作方法
1. 将白薯切成1cm宽，泡水去涩，放在锡纸上。
2. 将盐和芝麻油洒在白薯上，用锡纸包起来，在烤鱼架上焗7分钟，用余温焗5分钟。
*用橄榄油代替芝麻油也可以。十分适合作为女孩的零食。

咸味芝麻蒸圆白菜 R

食材（1人份）
圆白菜叶……………………………… 1～2片
盐…………………………………………… 1小撮
芝麻油…………………………………… 1小勺
芝麻碎…………………………………… 1小勺

制作方法
1. 将圆白菜切成1口大小，放入耐热容器中，松松地盖上保鲜膜，用微波炉加热1分钟。
2. 用盐、芝麻油、芝麻碎混合均匀。
*与浓口的主菜最搭配的就是它了！这是一道最基础的蔬菜配菜。

香草焗莲藕 G

食材（1人份）
莲藕………………………………………… 80g
橄榄油…………………………………… 1小勺
盐、混合香草…………………………… 各适量

制作方法
1. 将莲藕去皮，切成1cm宽扇形，过水洗净后放在锡纸上。淋入橄榄油，用锡纸包起来，在烤鱼架上焗7分钟。
2. 焗好后撒入盐和混合香草，混合均匀。
*用彩椒、西葫芦、山药、四季豆等代替莲藕也可以。

咸味莲藕鸡肉丸子

蔬菜（1人份）

鸡肉馅·························50g
莲藕·························50g
　┌ 鸡蛋·························1/2个
A │ 马铃薯淀粉·················1小勺
　└ 盐、胡椒·················各少许
小葱·························1/2根
芝麻油·························少许

制作方法

1. 将莲藕切成1cm的小丁，泡水去涩。小葱切成小段。
2. 在盆中放入鸡肉馅和控干水的莲藕、小葱，放入A，用筷子搅拌均匀。
3. 在煎锅中倒入芝麻油，开火。用勺子将2舀入煎锅中，两面煎好后盖上盖子蒸煎。
*不用把手弄脏就能制作。剩余的蛋液可以用于煎蛋等。

咸海带拌芹菜 Ⓡ

食材（1人份）

芹菜·························1/2根
　┌ 咸海带·························1小撮
A │ 芝麻油·························1小勺
　└ 芝麻碎·························1小勺

制作方法

1. 将芹菜切滚刀块，放入耐热容器中，松松地盖上保鲜膜，用微波炉加热1分钟。
2. 趁热加入A，混合均匀即可。
*用青椒代替芹菜也可以。

高汤白酱油煎鸡肉

食材（1人份）

鸡大胸肉·················1/2片（120g）
盐、胡椒·························各少许
低筋粉·························1大勺
色拉油·························少许
高汤白酱油·························2小勺

制作方法

1. 将鸡肉切成薄块，撒入胡椒。
2. 将1和低筋粉放入塑料袋中摇匀，使鸡肉沾满低筋粉。
3. 在煎锅中倒入色拉油，开火。将2的肉码在锅中，两面煎好后趁热淋入高汤白酱油，裹匀即可。
*高汤白酱油＋芥子粒、高汤白酱油＋梅子、高汤白酱油＋芥末都很好吃。

就是这个！
超级喜欢！
（小思）

咸酱汁猪肉薄片煮豌豆苗

食材（1人份）

猪肉薄片·················2~3片（70g）
豌豆苗·························1/3包
芝麻油·························少许
高汤白酱油·························2小勺
芝麻碎·························1小勺

制作方法

1. 将猪肉切成3cm宽的片，将豌豆苗切成3cm长。
2. 在煎锅中倒入芝麻油，翻炒猪肉，将炒出的油脂擦干净，加入豌豆苗，加入高汤白酱油，炒至豌豆苗变软。关火，撒入芝麻碎。
*用鸭儿芹、芹菜代替豌豆苗也可以。

主菜

还是最喜欢
三文鱼啊！
（小娜）

自家制盐焗三文鱼 G

食材（1人份）

生三文鱼·······························1/2块（60g）
盐··少许
小葱··适量

制作方法

1. 在三文鱼上撒满盐，用保鲜膜包好，放在冰箱冷藏室中腌制一晚。
2. 将多余的水分用厨房纸巾擦干，用锡纸包起来，放在烤鱼架上焗7分钟。按照个人喜好放上切成小段的小葱。

*用鳕鱼、马鲛代替三文鱼也可以。将鱼块和海苔碎条放在米饭上大口品尝吧。

"森林"
（西蓝花，小娜起的名字）很好吃！
（小娜）

咸海带拌青椒 R

食材（1人份）

青椒··2个
　（照片中将一半青椒换成了彩椒）
芝麻油··1小勺
咸海带··1小撮

制作方法

1. 将青椒切成丝，放入耐热容器中，加入芝麻油和咸海带混合均匀，松松地盖上保鲜膜。
2. 用微波炉加热1分30秒。

*加入少许味啉也可以。如果出水过多，可以加入芝麻碎。

高汤白酱油腌西蓝花 R

食材（1人份）

西蓝花··4大朵
高汤白酱油····································1小勺

制作方法

1. 将西蓝花切成易于食用的大小，放入耐热容器中，松松地盖上保鲜膜，用微波炉加热1分钟。
2. 趁热淋入高汤白酱油。

*换成菠菜、圆白菜、小白菜也很好吃。

干裙带菜焗洋葱 G

食材（1人份）

洋葱··1/2个
干裙带菜··1小勺
橄榄油··2小勺
盐··1小撮

制作方法

1. 将洋葱切成梳子形。用水冲洗干裙带菜。
2. 打开锡纸，放入洋葱和裙带菜，撒入橄榄油和盐，把锡纸包起来。
3. 用烤鱼架焗5分钟左右。

*裙带菜吸收洋葱的水分后，口感非常好。

咸味金平土豆胡萝卜 Ⓡ

食材（1人份）

土豆·····························1小个
胡萝卜················1/3根（约70g）

A ┌ 高汤白酱油·················2小勺
  │ 芝麻油····················1小勺
  │ 白芝麻碎··················1小勺
  └ 黄芥末····················少许

制作方法

1. 将土豆切成细丝，过水洗净。将胡萝卜切成细丝。
2. 将土豆和胡萝卜放入耐热容器中，松松地盖上保鲜膜，用微波炉加热2分30秒，趁热加入A搅拌均匀。

*按照个人喜好加入黄芥末。不放也可以。

微波炉蒸茄子 Ⓡ

食材（1人份）

茄子·····························1小根
盐·······························少许
芝麻油·························1小勺
小葱·····························1/4根

制作方法

1. 将茄子切成滚刀块，放入耐热容器中。撒入盐、芝麻油，搅拌至被茄子吸收，松松地盖上保鲜膜，用微波炉加热2分钟左右。小葱切成小段。
2. 打开保鲜膜，加入小葱，混合均匀。

*加入芥末或柚子胡椒也很美味。这道菜是我家的基本菜谱，都叫它"那个茄子的菜"。

咸味油炸高野豆腐

食材（1人份）

高野豆腐·····················1片
高汤白酱油···················1小勺
水·····························1大勺
马铃薯淀粉、色拉油、胡椒·········各适量

制作方法

1. 将高野豆腐放入水盆中泡发1分钟，用手挤出水分后切成6等份。在盆中加入高汤白酱油和水，放入泡发的高野豆腐，用手轻轻揉捏，使所有豆腐均匀地吸收调料。
2. 撒入胡椒后沾满马铃薯淀粉。在煎锅中多加一些色拉油，开火。放入高野豆腐，注意不要粘连。背面炸好后翻面，用相同的方法煎炸，炸至所有豆腐都形成硬壳。

*撒入雪菜也很好吃。

主菜

猪肉和紫苏叶的汉堡肉饼

食材（1人份）

猪肉薄片·················4片（120g）
紫苏叶·························3片

A ┌ 盐、胡椒·······各少许（入味为宜）
  │ 蛋黄酱····················1大勺
  └ 马铃薯淀粉················1小勺
色拉油···························少许

制作方法

1. 将猪肉和紫苏叶分别切成边长1cm宽的片。放入盆中，加入A，用筷子搅拌均匀。
2. 在煎锅中放入色拉油，开火。将1分成4等份，拍平后码入煎锅，将两面都炸好。

*给馅料塑形时可以使用咖喱勺，形状会更好看。

就是这个，记得还要给我做啊！（小思）

35

味噌味

浓厚的酱香裹满食材，非常下饭哦！

主菜

最喜欢
茄子啦~
（小娜）

浓口酱油味噌裹猪肉茄子卷

食材（1人份）

茄子	1小根
盐	少许
芝麻油	少许
猪肉薄片	4片（120g）
A ┌ 浓口酱油	1大勺
└ 味噌	1小勺
白芝麻	少许

制作方法

1. 将茄子切成5cm长的条，在盐水（另备）中浸泡1分钟左右，挤干水分。
2. 在猪肉中放上1的茄子，从一端卷起来。
3. 在煎锅中倒入芝麻油，开火后放入2的猪肉卷，卷完的尾部向下，码在锅中。盖上盖子蒸煎至熟透，用A调味，撒入白芝麻。
*用五花肉味道浓郁，用腿肉味道清淡。

主菜

味噌酱烧鸡腿肉 R

食材（1人份）

鸡腿肉	1/2片（120g）
A ┌ 味噌、蜂蜜	各1小勺
└ 生姜（磨碎）	1小勺
小葱	适宜

制作方法

1. 将鸡肉切成厚度均一的块，裹满A腌制15分钟（或在冰箱中冷藏一晚，使其入味）。
2. 在盘子上铺上烹调吸油纸，将1的鸡肉码在吸油纸上，然后包成糖果形状，用微波炉加热2分钟。将鸡肉翻面后不包起来，再加热1分钟。有小葱的话可以撒入一些。

配菜

芝麻味噌拌菠菜 R

食材（1人份）

煮菠菜	1/4把
味噌	1小勺
枫糖浆	1/2小勺
芝麻碎	1小勺

制作方法

1. 将味噌和枫糖浆放在小盘子里溶解，用微波炉加热10秒钟，使其变软。
2. 在菠菜中加入1和芝麻碎，搅拌均匀即可。
*用小白菜或小松菜也很好吃。

配菜

微波炉味噌煮土豆 R

食材（1人份）

土豆	1个
A ┌ 砂糖	1小勺
│ 味噌	1小勺
└ 浓口酱油	1小勺
黑芝麻	1小勺

制作方法

1. 将土豆切成3cm宽的块，过水洗净。将土豆放入耐热容器中，松松地盖上保鲜膜，用微波炉加热2分钟。
2. 趁热控干水分，再放回容器中，裹满A后放入微波炉加热20秒，然后放至冷却，撒入黑芝麻。
*加入豆瓣酱，辣辣的也很好吃。

甜味噌裹鸡胸肉

食材（1人份）
鸡大胸肉⋯⋯⋯⋯⋯⋯⋯⋯ 1/2片（120g）
盐、胡椒⋯⋯⋯⋯⋯⋯⋯⋯⋯⋯ 各少许
低筋粉⋯⋯⋯⋯⋯⋯⋯⋯⋯⋯⋯ 1大勺
色拉油⋯⋯⋯⋯⋯⋯⋯⋯⋯⋯⋯ 少许
　　┌ 味噌⋯⋯⋯⋯⋯⋯⋯⋯⋯⋯ 2小勺
A ┤ 蜂蜜⋯⋯⋯⋯⋯⋯⋯⋯⋯⋯ 2小勺
　　└ 黄油⋯⋯⋯⋯⋯⋯⋯⋯⋯⋯ 少许

制作方法
1. 将鸡肉切成薄块，撒入盐、胡椒调味。
2. 在塑料袋中放入1和低筋粉摇晃混合，使鸡肉上裹满低筋粉。将A在小盘中混合。
3. 在煎锅中倒入色拉油，开火。将2的肉码在煎锅中，两面煎好后放在2的小盘中，趁热在鸡肉上裹满A。
*用鸡腿肉或鸡小胸肉也可以。

黄芥末味噌蛋黄酱炒圆白菜

食材（1人份）
圆白菜叶⋯⋯⋯⋯⋯⋯⋯⋯⋯⋯⋯2片
黄芥末⋯⋯⋯⋯⋯⋯⋯⋯⋯⋯ 1/2小勺
味噌⋯⋯⋯⋯⋯⋯⋯⋯⋯⋯⋯ 1/2小勺
蛋黄酱⋯⋯⋯⋯⋯⋯⋯⋯⋯⋯⋯ 1小勺

制作方法
1. 将圆白菜切成1口大小。
2. 在煎锅中放入蛋黄酱，翻炒圆白菜，圆白菜变软后转小火，加入味噌和黄芥末，翻炒均匀即可。
*圆白菜炒到有一点点变焦时就会提升焦香。

味噌调味油炸豆腐卷奶酪紫苏叶 Ⓖ

食材（1人份）
油炸豆腐⋯⋯⋯⋯⋯⋯⋯⋯⋯⋯ 1/2片
奶油奶酪（独立包装）⋯⋯⋯⋯⋯⋯1个
紫苏叶⋯⋯⋯⋯⋯⋯⋯⋯⋯⋯⋯⋯1片
味噌⋯⋯⋯⋯⋯⋯⋯⋯⋯⋯⋯ 1/2小勺

制作方法
1. 将油炸豆腐、奶油奶酪、紫苏叶全部切成一半。
2. 在油炸豆腐上涂上味噌，放上紫苏叶和奶油奶酪，从一端卷起来，用牙签固定。
3. 用锡纸包起来，放在烤鱼架上焗5分钟（因为牙签有可能烧煳，所以必须用锡纸包起来）。
*用加工奶酪代替奶油奶酪也可以。加入梅肉也很好吃。

主菜

味噌炒莲藕鸡腿肉

食材（1人份）
鸡腿肉⋯⋯⋯⋯⋯⋯⋯⋯1/2片（120g）
莲藕⋯⋯⋯⋯⋯⋯⋯⋯⋯⋯⋯⋯⋯50g
盐、酒⋯⋯⋯⋯⋯⋯⋯⋯⋯⋯⋯ 各少许
色拉油⋯⋯⋯⋯⋯⋯⋯⋯⋯⋯⋯ 少许
味噌⋯⋯⋯⋯⋯⋯⋯⋯⋯⋯⋯⋯ 1大勺
小葱⋯⋯⋯⋯⋯⋯⋯⋯⋯⋯⋯⋯ 1/2根

制作方法
1. 将鸡肉切成1口大小，在肉上揉抹盐和酒。将莲藕切成滚刀块，过水冲洗。小葱切成小段。
2. 在煎锅中倒入色拉油，开火。将鸡肉码在煎锅中，鸡肉变色后翻面。将莲藕控干水分，在煎锅中空出来的位置翻炒。
3. 加入味噌，全部翻炒混合均匀。关火后放上小葱。
*加入味噌后马上关火，用余热裹匀味噌。

米饭不够啦！
（小娜）

味噌蛋黄酱拌鸡小胸肉

食材（1人份）

鸡小胸肉…………………………… 2条
盐、胡椒、马铃薯淀粉、色拉油…… 各少许
A ┌ 蛋黄酱 ……………………… 1大勺
　└ 味噌 ……………………… 1/2小勺
芹菜…………………………………… 适量

制作方法

1. 将鸡小胸肉去筋，斜向切成一半，撒入盐、胡椒，涂抹马铃薯淀粉。
2. 在煎锅中倒入色拉油，将**1**一边翻面一边煎。
3. 将A放入盆中混合均匀，放入煎好的**2**搅拌均匀。放上切碎的芹菜。
*加入豆瓣酱，辣辣的也很好吃。

味噌炒猪肉青椒

食材（1人份）

猪肉薄片………………………… 3片（90g）
青椒…………………………………… 2个
芝麻油………………………………… 少许
A ┌ 盐、胡椒 ………………………… 少许
　└ 马铃薯淀粉 …………………… 1小勺
B 味噌、酱油、砂糖 …………… 各1小勺

制作方法

1. 将猪肉切成细丝，揉抹A。青椒切成细丝。
2. 在煎锅中倒入芝麻油，开火，翻炒**1**的肉。肉变色后加入青椒翻炒，加入B后炒匀。

醋味噌拌胡萝卜 ®

食材（1人份）

胡萝卜…………………… 1/3根（50g）
A ┌ 米醋 …………………………… 1/2小勺
　└ 味噌 …………………………… 1小勺

制作方法

1. 将胡萝卜切成条，包在保鲜膜中，用微波炉加热1分钟左右。
2. 趁热将A裹满胡萝卜，放至冷却。
*不要过度加热，保留适度的爽脆最好吃。

味噌黄油蒸南瓜 ®

食材（1人份）

南瓜…………………………………… 100g
A ┌ 蜂蜜 …………………………… 1小勺
　│ 味噌 …………………………… 1小勺
　└ 黄油 …………………………… 5g

制作方法

1. 将南瓜切成1口大小，将南瓜皮向下码在耐热容器中，松松地盖上保鲜膜，用微波炉加热2分30秒。
2. 趁热将A裹满南瓜，用微波炉加热20秒左右，使其入味。
*白薯也可以用相同的方法制作。

味噌蛋黄酱焗洋葱 G

食材（1人份）

洋葱·······················1/4个
味噌·······················1小勺
蛋黄酱·······················适量

制作方法

1. 将洋葱切成1cm后的扇形（切成半月形后再对半切开）。穿入牙签固定，以防散开。将洋葱包在锡纸中，在烤鱼架上焗6分钟。
2. 洋葱变软后涂抹味噌，挤入蛋黄酱。牙签的部分盖上锡纸，以防着火（洋葱的部分可以不盖锡纸），再烤1分钟。

*味噌容易烤煳，要小心。最后撒上七味粉调味也可以。

梅子味噌拌茄子 R

食材（1人份）

茄子·······················1小根
味噌·······················1小勺
梅子·······················1/2个

制作方法

1. 将茄子切成滚刀块，放入耐热容器中，松松地盖上保鲜膜，用微波炉加热2分钟。
2. 用味噌和梅子将1搅拌均匀。

*加入芝麻油可以提升浓郁味道。

味噌味西蓝花短意面沙拉

食材（1人份）

西蓝花·······················4朵
事先水煮的短意面（3分钟煮熟型）·····15g
A ⎡ 味噌·······················1小勺
  ⎢ 奶油奶酪（独立包装）·······················1个
  ⎣ 盐、胡椒·······················各少许

制作方法

1. 在锅中将水煮沸，加入少量的盐（另备），先放入短意面，再放入西蓝花，利用时间差煮熟，放在滤网上滤干水分。
2. 趁热放回锅中，裹匀A。

*用蛋黄酱替代奶油奶酪也可以。除了西蓝花，还可以用四季豆或豌豆荚等，也很好吃。

味噌奶酪拌四季豆土豆 R

食材（1人份）

四季豆·······················4根
土豆·······················1小个
A ⎡ 奶油奶酪（独立包装）·······················1个
  ⎢ 味噌·······················1小勺
  ⎣ 枫糖浆·······················1/2小勺

制作方法

1. 将四季豆去蒂后切成一半，土豆切条后过水洗净。
2. 在耐热容器中放入四季豆和土豆，松松地盖上保鲜膜，用微波炉加热2分钟。趁热加入A，一边溶解一边搅拌。

*放入一点梅肉也很美味。

清爽
酱油味

利用搭配木鱼花、黄芥末等技巧让变化更丰富！

主菜

> 好喜欢芹菜呀！为什么大家会不喜欢呢？
> （小娜）

粉丝炒猪肉芹菜

食材（2人份）

猪肉薄片	3～4片
芹菜	1/2根
盐、胡椒、芝麻油	各少许
水	100ml
酱油	1大勺
粉丝	40g

制作方法

1. 将芹菜斜向切成薄片，猪肉切成易于食用的长度。
2. 在煎锅中倒入芝麻油，翻炒至猪肉变色后继续放入芹菜翻炒。
3. 轻轻撒入盐、胡椒，加入水、粉丝，加热至粉丝在煮汁中散开并泡发。
4. 用酱油调味，水分适当挥发后就做好了。
*使用剪好、不用事先泡发的粉丝会更方便。

主菜

黄芥末酱油拌煮猪肉

食材（1人份）

猪肉薄片	4片（120g）
小葱	1根
黄芥末	1/3小勺
酱油	1小勺

制作方法

1. 猪肉切成易于食用的长度，小葱切成小段。
2. 在锅中煮开水，放入1的猪肉，快速煮一下，捞出后放在滤网中，用水洗干净，最后放在厨房纸巾上吸干水分。
3. 在盆中放入2的肉和黄芥末、酱油、葱，混合均匀即可。
*经过煮、洗的过程后，卡路里会大大降低。

主菜

焗三文鱼和酱油腌四季豆

G

食材（1人份）

生三文鱼	1/2块（60g）
四季豆	3根
盐	少许
A 酱油	1小勺
柚子胡椒	少许

制作方法

1. 在三文鱼上撒入盐，用保鲜膜包裹一晚，使其入味。
2. 将四季豆去蒂后切成一半，与1的三文鱼一起包入锡纸中，放在烤鱼架上加热7分钟。
3. 趁热淋入A后晾凉。

配菜

奶酪酱油煎竹轮

食材（1人份）

竹轮	2根
四季豆	5根
色拉油	少许
酱油	1小勺
奶酪粉	2小勺

制作方法

1. 将竹轮斜向切成1口大小。四季豆去蒂后斜向切段。
2. 在煎锅中倒入色拉油，放入竹轮和四季豆，炒至变软略焦。
3. 撒入酱油和奶酪粉。

油炸豆腐卷圆白菜奶酪
食材（1人份）　Ⓖ Ⓡ

油炸豆腐·····························1片
圆白菜叶·························1~2片
奶酪片·······························1片
酱油·····························少许

制作方法
1. 将油炸豆腐打开成正方形，从正中间切开成2个长方形。将奶酪片切成一半。将圆白菜叶放入耐热容器中，松松地盖上保鲜膜后放入微波炉中加热1分钟，切成细丝后挤干水分。
2. 将圆白菜和奶酪放在油炸豆腐上卷起来，尾部用牙签固定，制作两根。
3. 包在锡纸中，放在烤鱼架上焗3分钟。涂抹酱油，切成易于食用的大小。

腌圆白菜
食材（1人份）　Ⓡ

圆白菜叶·····························1片
干裙带菜碎·························1大勺
酱油·····························1小勺
木鱼花·····························1小撮
盐·······························少许

制作方法
1. 将圆白菜切成易于食用的大小。将干裙带菜碎清洗一下。
2. 将圆白菜和裙带菜放入耐热容器中，撒入盐，松松地盖上保鲜膜，用微波炉加热1分30秒。
3. 趁热撒入酱油，混合均匀。最后加入木鱼花。
*放入樱花虾代替裙带菜碎也很好吃。

黄芥末酱油腌鸡胸肉
食材（1人份）

鸡大胸肉·····················1/2片（120g）
盐、酱油、砂糖·····················各少许
低筋粉·····························1大勺
色拉油·····························少许
A ┌ 酱油·····························1小勺
　└ 黄芥末酱·························1cm
小葱·····························适量

制作方法
1. 将鸡肉切成薄片，撒入盐、胡椒、砂糖。
2. 在塑料袋中放入1和低筋粉摇匀，使鸡肉裹满低筋粉。将A放在小盘里混合均匀。
3. 在煎锅中倒入色拉油，开火。将2的肉码入煎锅中，煎好两面。将煎好后的鸡肉放入2的小盘中，趁热裹满A。放上切成小段的小葱。
*与芦笋或四季豆一起炒可以提升分量。

主菜

木鱼花酱油煎高野豆腐
食材（2人份）

高野豆腐·····························2片
鸡蛋·······························1个
木鱼花·····························1包
盐·······························少许
色拉油·····························少许
黄油·······························10g
酱油·······························1小勺

制作方法
1. 将高野豆腐浮在水中泡发1分钟，依照厚度对半切开后再切成两半（共4片）。
2. 在盆中放入鸡蛋和木鱼花、盐，混合均匀。放入1的高野豆腐，使其吸收蛋液。
3. 在煎锅中加入色拉油和黄油，开火。将高野豆腐两面煎好。
4. 顺着锅边倒入酱油，裹满高野豆腐。
*撒入海苔碎也很好吃。

特别喜欢高野豆腐！尤其是放在米饭上！
（小思）

雪菜炒面

食材（1人份）

竹轮·······································2根
圆白菜·····································1片
炒面用蒸面·······························1团
腌雪菜（碎）·····························1大勺
芝麻油·····································1小勺
酱油·······································2小勺

制作方法
1. 将竹轮切成条状。将圆白菜切成1口大小。
2. 在煎锅中倒入芝麻油，翻炒面条。加入竹轮和圆白菜，继续翻炒。
3. 所有食材变软后加入腌雪菜和酱油，全部混合均匀。
*用猪肉或混合海鲜代替竹轮也可以。将面条换成米饭也很好吃。

生姜酱油凉拌菠菜和油炸豆腐 Ⓖ

食材（1人份）
煮菠菜····································50g
油炸豆腐·······························1/4片
生姜（磨碎）··························1/2小勺
酱油·····································1小勺

制作方法
1. 在烤鱼架上铺上锡纸，放上油炸豆腐烤5分钟左右。
2. 冷却后切成易于食用的大小，与煮生菜、生姜、酱油一起放入盆中，混合均匀。
*将菠菜换成小松菜也可以。

黄芥末酱油拌茄子

食材（1人份）
茄子·····································1小根
酱油、黄芥末·························各1小勺

制作方法
1. 将茄子切成条状，在盐水（另备）中腌1分钟左右，捞出后充分挤干水分。
2. 在盆中放入1的茄子和酱油、黄芥末，充分搅拌均匀。
*放置10分钟更加入味，也可以前一天晚上制作。

酱油蒸南瓜 Ⓡ

食材（2人份）
南瓜····································100g
盐···少许
黄油·······································5g
酱油·····································1小勺
木鱼花1/2袋

制作方法
1. 将南瓜切成3cm宽的块，南瓜皮向下码入耐热容器中。撒入盐，放上黄油，松松地盖上保鲜膜，用微波炉加热2分30秒。
2. 取下保鲜膜，撒入酱油后混合均匀，最后撒入木鱼花。
*用白薯或芋头也可以。

酱油猪肉末炒茄子

食材（1人份）

猪肉馅	50g
茄子	1小根
盐、胡椒	各少许
芝麻油	1小勺
生姜（磨碎）	1小勺
酱油	2小勺

制作方法

1. 将茄子切成小丁，在盐水（另备）中腌1分钟，捞出后充分挤出水分。
2. 在煎锅中倒入芝麻油，将肉馅炒至变色后加入茄子，继续翻炒。加入盐、胡椒、生姜、酱油，大火收汁。
*用鸡肉馅代替猪肉馅也可以。

黄油酱油煮蘑菇海鲜

食材（1人份）

冷冻混合海鲜	60g
丛生口蘑	1/2袋
酒	1大勺
酱油	1/2大勺
黄油	10g

制作方法

1. 将混合海鲜用水冲洗后控干水分。
2. 将丛生口蘑去根后分成小朵，与1一起放入小锅中，加入酒、酱油调味后加热，中火煮至变软，加入黄油，煮至收汁。
*处理冷冻海鲜的重点是以冷冻的状态直接冲洗，去掉表面的冰块。

胡萝卜丝饼

食材（1人份）

胡萝卜	1/2根（100g）
盐	1小撮
芝麻碎	1小勺
低筋粉	3大勺
水	2大勺
芝麻油	1小勺
酱油	1小勺

制作方法

1. 将胡萝卜切成细丝，撒入盐后轻轻揉至变软，挤出水分。
2. 在盆中放入胡萝卜和芝麻碎、低筋粉，混合均匀。放入水后搅成糊状。
3. 在煎锅中倒入芝麻油，开火。放入2，用铲子一边压一边煎制两面。
4. 将胡萝卜丝饼切成易于食用的大小，撒上酱油。
*用韭菜或豌豆苗也可以。

黄芥末酱油拌豌豆苗和奶酪

食材（1人份）

豌豆苗	1/2袋
奶酪片	1片
芥末	1/2小勺
酱油	1小勺
芝麻碎	1小勺

制作方法

1. 将豌豆苗切成3cm的长度，用热水烫熟后放入冷水中，捞出后充分挤干水分。将奶酪片切成1cm的方形。
2. 将1的豌豆苗、奶酪片、芥末、酱油、芝麻碎混合均匀。
*豌豆苗用微波炉加热也可以。

蛋黄酱味

大人孩子都很喜欢，香味与酸味的完美配比！

主菜

蛋黄酱酥炸马鲛

食材（1人份）

马鲛······························1块（100g）
酒·································1大勺
盐、胡椒、马铃薯淀粉、色拉油······各适量
A ┌ 蛋黄酱···························1小勺
　 └ 酱油·····························1小勺

制作方法
1. 将马鲛切成1口大小，撒入盐、酒，腌制10分钟。
2. 擦干1的水，裹满A后涂抹马铃薯淀粉。
3. 在煎锅中倒入多一点的色拉油，一边将2翻面一边煎炸。
*撒入七味粉的味道更适合大人。用青花鱼或三文鱼也很好吃。

主菜

蛋黄酱煎猪肉和丛生口蘑

食材（1人份）

猪肉薄片···················3~4片（100g）
丛生口蘑··························1/2袋
盐、胡椒··························各少许
蛋黄酱····························1大勺
酱油······························1小勺

制作方法
1. 将丛生口蘑去根后分成小朵。
2. 在煎锅中挤入蛋黄酱，开火。放入猪肉，一边裹满蛋黄酱一边煎至变色，然后放入丛生口蘑，炒至变软，撒入盐、胡椒、酱油，混合均匀。
*用杏鲍菇或灰树花菌、香菇都可以。

配菜

蛋黄酱辣炒圆白菜　Ⓖ

食材（1人份）

圆白菜叶····························2片
蛋黄酱····························1大勺
盐································少许
干辣椒（切圈）或辣椒粉··············少许

制作方法
1. 圆白菜切成1口大小。
2. 将圆白菜放入锡纸中，撒入盐，包起来。
3. 放在烤鱼架上焗4分钟左右，加入蛋黄酱和干辣椒（或辣椒粉），混合均匀。
*如果出汤可以加入木鱼花。

配菜

红紫苏蛋黄酱拌胡萝卜丝　Ⓡ

食材（1人份）

胡萝卜······················1/3小根（50g）
竹轮······························1根
芝麻油····························1小勺
红紫苏碎··························1小勺
蛋黄酱····························1小勺

制作方法
1. 将胡萝卜切成细丝。竹轮切成条状。
2. 将胡萝卜和竹轮放入耐热容器中，撒入芝麻油，松松地盖上保鲜膜，用微波炉加热1分钟。
3. 加入红紫苏碎和蛋黄酱搅拌均匀即可。
*用切碎的梅子代替红紫苏碎也可以。

蛋黄酱肉馅蛋饼

食材（1人份）

鸡肉馅·············50g
小葱·············1/2根
A ⎡ 鸡蛋·············1个
　 ⎢ 马铃薯淀粉·······1大勺
　 ⎢ 蛋黄酱·········1大勺
　 ⎣ 咸海带·········1小撮
色拉油···········少许

这个最好吃！
（小思）

制作方法

1. 将小葱切成小段。
2. 在盆中放入肉馅、1、A，用筷子充分搅匀。
3. 在煎锅中倒入色拉油，开火。用汤勺舀起2的馅料放入煎锅中。翻面煎烤两面。
*用猪肉馅、混合肉馅也很好吃。

芝麻蛋黄酱拌西蓝花

食材（1人份）

煮西蓝花·············4块
A ⎡ 盐·············少许
　 ⎢ 蛋黄酱·········1/2小勺
　 ⎢ 砂糖·········1/2小勺
　 ⎢ 酱油·········1/2小勺
　 ⎢ 米醋·········1/2小勺
　 ⎣ 芝麻碎·········1小勺

制作方法

1. 在西蓝花中加入A，混合均匀即可。
*用煮菠菜也可以。

蚝油蛋黄酱拌鸡胸肉

食材（1人份）

鸡大胸肉·············1/2片（120g）
盐、花椒·············各少许
低筋粉·············1大勺
色拉油·············少许
A ⎡ 蛋黄酱·········1小勺
　 ⎣ 蚝油·········1小勺

制作方法

1. 将鸡肉切成薄片，撒入盐、胡椒。
2. 将1和低筋粉放入塑料袋中摇匀，使鸡肉全部沾上低筋粉。将A在小盘中混合均匀。
3. 在煎锅中倒入色拉油，开火。将2的肉码在煎锅中，两面煎好后放在2的小盘中，趁热裹满酱汁。
*用猪肉也可以。

酱油蛋黄酱炒乌冬　Ⓡ

食材（1人份）

煮乌冬·············1团
猪肉薄片·············1~2片（50g）
咸海带·············1小撮
小葱·············1根
蛋黄酱·············1大勺
酱油·············1/2大勺

制作方法

1. 将小葱切成小段。将猪肉切成易于食用的大小。
2. 将烹调吸油纸剪成30cm宽的正方形，在正中间放上煮乌冬。再将猪肉铺开放在乌冬上，加上咸海带。在上面一层撒入小葱、蛋黄酱、酱油，将吸油纸包成糖果形。
3. 放在盘子里，用微波炉加热4分钟。加热结束后全部混合均匀即可。
*煮乌冬是冷冻食品，前一晚放入冷藏中自然解冻。

乌冬不是一坨，而是一点一点放进便当盒里的！这样的细节也只有我小娜才能发现吧，哈哈！
（小娜）

香浓多汁呀！
（哥哥）

蛋黄酱柑橘醋炒鸡腿肉

食材（1人份）
鸡腿肉···················· 1/2片（120g）
盐、胡椒、低筋粉、色拉油·········· 各少许
酒···························1大勺
蛋黄酱························1大勺
柑橘醋·······················1大勺

制作方法
1. 将鸡肉切成1口大小，撒入盐、胡椒、酒，涂抹低筋粉。
2. 在煎锅中倒入色拉油，开火。将1的鸡肉码入煎锅中，将两面煎好。
3. 将多余的油用厨房用纸吸掉，放入蛋黄酱和柑橘醋，裹满鸡肉即可。
*用鸡大胸肉、鸡小胸肉都可以。加入芥子粒也很好吃。

和风牛蒡沙拉

食材（2、3人份）
牛蒡························ 1/2根
芝麻油·······················1小勺
浓口酱油······················1大勺
米醋·························1大勺
水··························50ml
蛋黄酱·······················1大勺

制作方法
1. 将牛蒡斜向切成薄片，从一端开始切成细丝，泡水去涩。
2. 在锅中放入牛蒡和芝麻油，开火，轻轻翻炒。加入浓口酱油、米醋、水，不时混合，煮至没有水汽，牛蒡熟透后晾凉。
3. 用蛋黄酱混合均匀。
*放入胡萝卜也很好吃。

芹菜鸡蛋沙拉

食材（1人份）
芹菜························ 1/2根
水煮鸡蛋·······················1个
蛋黄酱·······················1大勺
黄芥末······················ 1/2小勺
盐、胡椒······················ 各少许

制作方法
1. 将芹菜切碎，撒入盐（另备）。芹菜变软后挤出水分。
2. 将煮鸡蛋用叉子捣碎，与1混合。放入蛋黄酱、黄芥末、盐、胡椒，充分搅拌均匀即可。
*用梅子代替黄芥末也很好吃。

蛋黄酱煎三文鱼

食材（1人份）
生三文鱼······················ 1块（120g）
盐、胡椒、马铃薯淀粉、色拉油······ 各适量
A ┌ 蛋黄酱·····················1大勺
  │ 番茄·····················1大勺
  └ 枫糖浆····················1小勺

制作方法
1. 将三文鱼切成1口大小，撒入盐、胡椒，涂抹马铃薯淀粉。
2. 在煎锅中倒入油，将1码入煎锅中，翻面煎烤，直至完全煎熟。
3. 煎好后倒入混合好的A，裹匀即可。
*用鳕鱼代替三文鱼也可以。

培根和南瓜的黄芥末蛋黄酱沙拉 🅡

食材（1人份）
南瓜·······················100g
培根·························1片
盐··························1小撮
黄芥末·····················1/2小勺
蛋黄酱·····················1大勺

制作方法
1. 将培根切成1cm宽的片。将南瓜切成1口大小，皮向下码在耐热容器中。给南瓜撒一点盐后放入培根，松松地盖上保鲜膜。
2. 用微波炉加热2分30秒，至南瓜可以用牙签扎透即可。加入黄芥末和蛋黄酱，搅拌均匀即可。
*也可以用白薯代替南瓜。

吃个茄子压压惊（茄子在日语中是"心想事成"的谐音）！（小娜）

味噌蛋黄酱炒茄子

食材（1人份）
茄子·······················1小根
蛋黄酱·····················1大勺
味噌·······················1小勺

制作方法
1. 将茄子切成滚刀块，在盐水（另备）中腌1分钟，挤干水分。
2. 在煎锅中放入蛋黄酱和茄子。充分混合后点火，用中小火加热。
3. 茄子变软后加入味噌，关火，全部混合均匀。

蛋黄酱木鱼花炒海鲜和丛生口蘑

食材（1人份）
冷冻混合海鲜················100g
丛生口蘑····················1/2包
蛋黄酱······················1大勺
酱油·······················1/2小勺
木鱼花·····················1/2袋
盐、胡椒····················各少许

制作方法
1. 将混合海鲜用流水冲洗掉表面的冰，用滤网控干水分。丛生口蘑去根后分成小朵。
2. 在小锅中放入混合海鲜，撒入盐、胡椒，放入蛋黄酱，开火。一边加热，一边使蛋黄酱裹满食材，炒至变软。
3. 加入酱油，全部混合均匀。加入木鱼花后关火。

配菜

微波炉红紫苏土豆沙拉 🅡

食材（1人份）
土豆·······················1个
四季豆······················3根
A ┌ 蛋黄酱·················1大勺
  └ 红紫苏碎················1小勺

制作方法
1. 将土豆去皮后切成1口大小，过水洗净。四季豆去蒂后切成2cm长的段。将土豆和四季豆放入耐热容器中，松松地盖上保鲜膜，用微波炉加热2分30秒左右。
2. 土豆用牙签可以扎透后，加入A混合均匀即可。
*四季豆可以换成豌豆荚或青椒。因为只是配色，没有也无所谓。

番茄酱味

只要加入番茄的红色就能提升便当的色彩。

番茄酱蛋黄酱炒猪肉洋葱

食材（1人份）

猪肉薄片·····························4片（120g）
洋葱·······································1/4个
色拉油·····································少许
A ┌ 蛋黄酱、番茄酱·····················各1大勺
  │ 盐、胡椒·························各少许
  └ 酱油·······························1小勺

制作方法

1. 将猪肉4等分，洋葱切成梳子形。将猪肉和洋葱放入盆中，揉抹A。
2. 在煎锅中倒入色拉油，开火。用中小火炒1，注意不要炒糊。

番茄酱照烧三文鱼 G

食材（1人份）

生三文鱼·····················1/2块（60g）
盐、胡椒·····························各少许
番茄酱·································1大勺
蜂蜜···································1小勺

制作方法

1. 在三文鱼上撒盐、胡椒。
2. 打开锡纸，放上三文鱼，淋入番茄酱和蜂蜜后裹满三文鱼，包起锡纸。
3. 用烤鱼架焗6~7分钟。

*可以在锡纸中包入洋葱片一起加热，分量十足。

番茄酱金平莲藕 G

食材（1人份）

莲藕·····································50g
番茄酱·································2小勺
浓口酱油·······························1小勺

制作方法

1. 将莲藕去皮，切成条状后泡水去涩。
2. 在锡纸中放入1的莲藕，淋入番茄酱和浓口酱油，混合均匀后包起来。
3. 用烤鱼架焗7分钟，然后晾凉。

*用山药代替莲藕也可以。

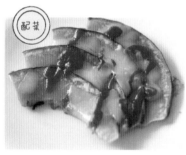

番茄酱奶酪焗南瓜 G

食材（1人份）

南瓜（5cm的片）······················4片
盐·······································少许
橄榄油·································1小勺
番茄酱、比萨用奶酪·····················各适量

制作方法

1. 将锡纸打开，码入南瓜，撒入盐、橄榄油。
2. 将锡纸包起来，用烤鱼架焗6分钟左右。打开锡纸，趁热放上奶酪片，挤入番茄酱，用余热加热。

*按照喜好撒入盐、胡椒。也可以用切成薄片的土豆制作。

猪肉碎汉堡肉饼 G

食材（1人份）

猪肉薄片·····················3~4片（100g）
洋葱·······································1/4个
番茄、伍斯特辣酱油·····················各1小勺
A ┌ 盐、胡椒·························各少许
  │ 面包屑·························1大勺
  │ 炸洋葱·························1大勺
  └ 蛋黄酱·························1大勺

制作方法

1. 将猪肉切成大粒，混入A，揉成椭圆形。将洋葱切成薄片。
2. 打开锡纸，放入洋葱，淋上番茄酱和伍斯特辣酱油，轻轻混合。在上面放上1的汉堡肉饼，包起来。
3. 用烤鱼架焗10分钟。

*炸洋葱能吸收肉汁，还能增加鲜味，一举两得。

番茄酱鸡胸肉

食材（1人份）

鸡大胸肉···················1/2片（120g）
盐、胡椒·····························各少许
低筋粉·································1大勺
色拉油·································少许
A ┌ 番茄酱·························1大勺
  │ 豆瓣酱·························1/4小勺
  │ 芝麻油·························1/2小勺
  └ 蜂蜜···························1小勺

制作方法

1. 将鸡肉切成薄块，撒入盐、胡椒粉。
2. 在塑料袋中放入1和低筋粉摇匀，使鸡肉沾满面粉。将A在小盘中混合备用。
3. 在煎锅中倒入色拉油，开火。将2的肉码入煎锅中，煎制两面。将煎好后的鸡肉放入2的小盘中，趁热裹匀A。

*给小孩子吃的话可以不加豆瓣酱。

番茄酱味松软炒蛋 Ⓡ

食材（1人份）
鸡蛋·····························1个
蛋黄酱·························1大勺
牛奶···························1小勺
奶酪片···························1片
番茄酱·························1小勺

制作方法
1. 将鸡蛋打入耐热容器中，放入蛋黄酱和牛奶，用叉子搅拌均匀。
2. 将撕碎的奶酪撒在鸡蛋上，松松地盖上保鲜膜，用微波炉加热1分钟左右，挤入番茄酱。
*放在番茄酱鸡肉炒饭上也很好吃。

番茄酱炒牛肉洋葱

食材（1人份）
牛肉薄片·················3~4片（100g）
洋葱····························1/4个
盐、胡椒、色拉油、荷兰芹·········· 各少许
A ┌ 番茄酱·························1大勺
 └ 伍斯特辣酱油·················1/2大勺

制作方法
1. 将洋葱切成薄片。将牛肉切成易于食用的长度，撒入盐、胡椒备用。
2. 在煎锅中倒入色拉油，开火。翻炒洋葱和牛肉。变软后用A调味，撒入荷兰芹。
*用猪肉薄片也可以。

番茄酱拌蘑菇 Ⓡ

食材（1人份）
杏鲍菇····························2根
A ┌ 番茄酱·······················1小勺
 └ 浓口酱油·····················1小勺

制作方法
1. 将杏鲍菇切成易于食用的大小，放入耐热容器中，松松地盖上保鲜膜，用微波炉加热1分30秒。
2. 加入A后混合均匀，晾凉。
*用丛生口蘑、白色蟹味菇、金针菇也可以。

番茄酱炒油炸豆腐洋葱 Ⓖ

食材（1人份）
油炸豆腐·························1/2片
洋葱····························1/4个
橄榄油···························1小勺
A ┌ 番茄酱·······················1大勺
 └ 芥子粒、酱油·················各1/2小勺

制作方法
1. 将油炸豆腐切成小片，将洋葱切成梳子形，放入锡纸中，淋入橄榄油，包起来。
2. 用烤鱼架焗5分钟，用A混合均匀。
*如果用新鲜洋葱制作，整道菜都会甘甜多汁。

番茄酱煎鸡肉

食材（1人份）
鸡小胸肉··························2条
四季豆····························5根
盐、胡椒、马铃薯淀粉、色拉油······ 各少许
A ┌ 黄油·························10g
 │ 番茄酱·······················1大勺
 └ 奶酪粉·······················1/2大勺

制作方法
1. 将四季豆去蒂，切成一半长度。将鸡小胸肉去筋，切成与四季豆相同长度的丝，涂抹盐、胡椒、马铃薯淀粉。
2. 在煎锅中倒入油，将1的鸡小胸肉和四季豆撒入煎锅中，炒至全部食材出现焦色，加入A，混合均匀后即可关火。
*因为很容易炒糊，所以转小火后放入调料。

番茄酱调味松软圆白菜蛋饼

食材（1人份）
圆白菜菜叶······ 2片
鸡蛋·············· 1个
盐、砂糖········少许
色拉油··········少许
番茄酱··········适量

> 好喜欢这个，总觉得很像大阪烧！（小娜）

制作方法
1. 将圆白菜放入耐热容器中，松松地盖上保鲜膜，用微波炉加热1分钟。挤干水汽后切成细丝，放入盆中，加入鸡蛋、盐、砂糖，充分混合均匀。
2. 在玉子烧煎锅中倒入色拉油，将1的鸡蛋倒入煎锅一半的大小（8cm×12cm），一面煎好后翻面，煎至两面上色。
3. 切分后淋上番茄酱。
*放入蛋糕杯后用面包烤箱烤制也可以。

梅子味

在日本人的便当中总是少不了梅子！当然，使用梅肉酱也可以。

甜咸梅子腌煎鸡肉 G

食材（1人份）
鸡腿肉·····················1/2片（120g）
盐······································ 少许
梅子····································1/3个
A ┌ 浓口酱油···························2小勺
  └ 小葱（切小段）····················适量

制作方法
1. 将鸡腿肉切成均等厚度，再切成1口大小。撒入盐，腌10分钟左右。
2. 将锡纸向盘子一样铺在烤鱼架上，码入1的鸡肉，烤7分钟。
3. 将梅子去籽后拍碎，与A混合。烤好2后趁热腌入，晾凉即可。

圆白菜梅子沙拉

食材（1人份）
圆白菜叶·····························1~2片
梅子····································1/3个
橄榄油·······························1小勺
盐······································ 少许

制作方法
1. 将圆白菜切成小块，放入盆中，撒入盐，仔细揉至变软。
2. 圆白菜挤干水分，用去籽、撕碎的梅子和橄榄油搅拌均匀。
*用芝麻油代替橄榄油也可以。

梅肉拌菠菜和奶酪

食材（1人份）
煮菠菜······························· 50g
奶酪片·································1片
梅子····································1/3个
浓口酱油·······························1小勺

制作方法
1. 将奶酪切成筛子大小。
2. 将切好的菠菜和奶酪放入盆中，用浓口酱油和去籽、撕碎的梅子一起搅拌均匀。
*用小松菜、茼蒿代替菠菜也可以。

嫩煎鸡小胸肉

食材（2人份）
鸡小胸肉······························ 2大条
盐、胡椒、低筋粉、色拉油·········· 各少许
A ┌ 鸡蛋·······························1个
  │ 梅子·······························1个
  └ 紫苏叶·····························2片

制作方法
1. 将鸡小胸肉打开，每条切成3等份。撒入盐、胡椒，沾满低筋粉。将紫苏叶切成细丝。梅子去籽后撕碎。
2. 在盆中放入A，充分搅拌均匀。这时放入1的鸡小胸肉，裹满面糊。
3. 在煎锅中倒入油，开火。将2的肉一块一块地放在煎锅上。煎好一面后翻面继续煎制，如果剩余蛋液，可以将烤制的鸡肉再次放入蛋液中，裹满后再煎制。

梅子酱油烤马鲛 G

食材（1人份）
马鲛·····························1块（100g）
盐、酒······························ 各适量
A ┌ 梅子·······························1/2个
  │ 酱油·······························1小勺
  └ 生姜（磨碎）······················ 少许

制作方法
1. 在马鲛上撒上盐和酒，腌10分钟后擦干水分。
2. 将1放在锡纸上，用烤鱼架烤6分钟左右。
3. 梅子去籽后撕碎。将烤好的2放在平盘中，裹匀A后晾凉，使其入味。

梅子柑橘醋煎鸡胸肉

食材（1人份）
鸡大胸肉·····················1/2片（120g）
盐、花椒···························· 各少许
低筋粉·······························1大勺
色拉油································ 少许
A ┌ 柑橘醋····························2小勺
  └ 梅子·······························1个

制作方法
1. 将鸡肉切成薄片，撒入盐、胡椒。
2. 在塑料袋中放入1和低筋粉后摇匀，使鸡肉全部沾上低筋粉。将A在小盘中混合后备用。
3. 在煎锅中倒入色拉油，开火，将2的肉码入煎锅，煎制两面。将煎好的肉放入2的小盘中，趁热裹满酱汁。
*用鸡腿肉、鸡小胸肉、猪肉做出来都很好吃。

梅子凉拌土豆丝

食材（1人份）
土豆……………………………………1个
芝麻油…………………………………1小勺
梅子……………………………………1/3个
高汤白酱油……………………………1小勺
芝麻碎…………………………………1小勺

制作方法
1. 将土豆去皮后切成细丝，泡水去涩。轻轻控干水分后放入耐热容器中。
2. 抹上芝麻油，松松地盖上保鲜膜，用微波炉加热2分钟左右。
3. 加入去籽后撕碎的梅子、高汤白酱油、芝麻碎，搅拌均匀。
*用浓口酱油代替高汤白酱油也可以。

梅子鲜香鸡蛋卷

食材（2人份）
鸡蛋……………………………………2个
木鱼花…………………………………1/2包
梅子……………………………………1/2
小葱（切小段）………………………1大勺
盐………………………………………少许
酱油……………………………………1/2小勺
水………………………………………2大勺
色拉油…………………………………适量

制作方法
1. 在盆中打入鸡蛋，放入木鱼花、盐、酱油、水、去籽后撕碎的梅子、小葱，充分搅拌至蛋液均匀。
2. 在玉子烧煎锅中倒入色拉油，开火。倒入1/3的1的蛋液，从外侧向内侧卷起来，重复这个操作两次。

梅子焗丸子 G

食材（4个）
鸡肉馅…………………………………150g
梅子……………………………………1/2个
蛋黄酱…………………………………1大勺
盐、胡椒、芝麻油……………………各少许
马铃薯淀粉……………………………1大勺
小葱（切小段）………………………适量

制作方法
1. 在盆中放入鸡肉馅、去籽后撕碎的梅子、蛋黄酱、盐、胡椒、马铃薯淀粉，混合均匀后分成4等份，捏成椭圆形。
2. 在锡纸内侧涂抹芝麻油，码入1的丸子。包起锡纸放在烤鱼架上，加热9分钟。撒上小葱。

加入奶酪的梅子生姜煎猪肉

食材（1人份）
猪肉薄片………………………4片（120g）
奶酪片…………………………………1片
盐、胡椒、低筋粉、色拉油…………各少量
A [梅子…………………………………1/2个
味啉、酱油、水………………各1小勺
生姜（磨碎）…………………………少许

制作方法
1. 将奶酪切成细长条。将猪肉打开，将奶酪做为芯卷起来，撒上盐、胡椒、低筋粉。将梅子去籽后撕碎。A全部混合备用。
2. 在煎锅中倒入色拉油，开火。将1卷完的尾部向下码在煎锅中，一边翻动，一边将猪肉卷全部烤成浅褐色。
3. 倒入A的酱汁，淋在猪肉卷上，煮至裹满酱汁。
*卷入紫苏叶也很好吃。

梅子拌茄子

食材（1人份）
茄子……………………………………1根
梅子……………………………………1/2个
柑橘醋…………………………………2小勺

制作方法
1. 将茄子切成小滚刀块，放在盐水（另备）中腌1分钟左右，充分挤干水分。
2. 在1中加入柑橘醋和去籽后撕碎的梅子，混合均匀。
*加入米醋也很好吃。

梅子咸炒面 R

食材（1人份）
炒面用蒸面……………………………1团
猪肉薄片………………………1~2片（50g）
梅子……………………………………1/2个
大葱……………………………………1/2根
芝麻油、高汤白酱油…………………各1小勺
盐、胡椒………………………………各少许

制作方法
1. 将大葱切成5cm长的细丝。梅子去籽撕碎。
2. 将烹调吸油纸剪成边长30cm的正方形，在面上按顺序放入大葱和猪肉，再撒入盐、胡椒。
3. 撒入梅子、芝麻油、高汤白酱油，将吸油纸包成糖果形，用微波炉加热3分30秒，确认肉变色后充分拌匀。
*用小葱代替大葱也可以。

咖喱味

不管什么时候咖喱味都能让食欲旺盛起来。

咖喱酱油拌煮猪肉四季豆

食材（1人份）

猪肉薄片	3片（90g）
四季豆	5根

A		
	咖喱粉	1/2小勺
	酱油	2小勺
	橄榄油	1小勺

制作方法

1. 煮开锅中水。四季豆取蒂后切成一半长。猪肉切成易于食用的大小。

2. 四季豆煮2分钟左右，然后放入猪肉煮至变色，一起捞出后放入滤网中。用清水冲洗掉油脂，用厨房纸巾压干水分。

3. 混合A，放入**2**，搅拌均匀。

黄油咖喱拌菠菜玉米 Ⓡ

食材（1人份）

煮菠菜	50g
冷冻玉米	1大勺
黄油	5g
盐	少许
咖喱粉	1/4小勺

制作方法

1. 将煮菠菜切成4cm的段，与玉米一起放入耐热容器中，放入盐、咖喱粉、黄油，松松地盖上保鲜膜。

2. 用微波炉加热1分30秒，充分混合均匀。

咖喱盐烤三文鱼 Ⓖ

食材（1人份）

生三文鱼	1块（120g）
盐	少许
咖喱粉	1/2小勺

制作方法

1. 在三文鱼上涂满盐和咖喱粉，腌5分钟。

2. 将锡纸向盘子一样铺在烤鱼架上，码入**1**。

3. 用烤鱼架烤5分钟左右。

*用鳕鱼、马鲛、五条鰤也可以。

蜂蜜咖喱照烧鸡胸肉

食材（1人份）

鸡胸肉	1/2片（170g）
盐、胡椒	各少许
低筋面粉	1大勺
色拉油	少许

A		
	咖喱粉	少许
	蜂蜜、酱油	各1小勺

制作方法

1. 鸡胸肉切片，洒上盐、胡椒。

2. 在食品袋中放入**1**和低筋面粉，混合均匀后，涂抹在食材上。加入材料A放置。

3. 在平底锅内倒入色拉油，使其平摊锅底，把**2**中的鸡肉并排放入，充分煎烤两面。烤好后把A倒入平底锅内，关火。

*芦笋和甜豆也可一起加到锅内煎烤。

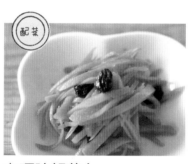

咖喱腌胡萝卜

食材（1人份）

胡萝卜	1/3根（70g）
葡萄干	1小勺

A		
	盐	少许
	咖喱粉	1/4小勺
	蜂蜜	1/2小勺
	橄榄油	1小勺

制作方法

1. 将胡萝卜斜向切成薄片后再切成细丝，放入盆中。放入A和葡萄干，混合均匀，盖紧保鲜膜腌制10分钟，使其入味。

*不喜欢葡萄干可以不放。

和风咖喱炒猪肉洋葱

食材（1人份）

猪肉薄片	3片（90g）
洋葱	1/2个
色拉油	少许
木鱼花	1/2包

A		
	砂糖	1小勺
	酱油	2小勺
	咖喱粉	1/2小勺

制作方法

1. 将洋葱切成薄片。猪肉切成1口大小。

2. 在煎锅中倒入色拉油，放入洋葱，炒至变软。然后放入猪肉，炒至变色。加入A继续翻炒，大火收汁，出锅时加入木鱼花，混合均匀。

*用牛肉也很好吃。

不好！米饭又不够啦！（小娜）

主菜

咖喱腌焗鸡腿肉 G

食材（1人份）

鸡腿肉……………………1/2片（120g）
盐……………………………… 少许
A [咖喱粉…………………………1/2小勺
  [浓口酱油…………………………2小勺
小葱………………………………… 适量

制作方法

1. 将鸡肉打开成片，斜向切块，均匀撒盐腌10分钟。
2. 将锡纸像盘子一样铺在烤鱼架上，码入1，烤7分钟左右。
3. 趁热腌入混合好的A的酱汁，如果有小葱，可以撒入些小段，晾凉即可。

主菜

咖喱龙田炸鸡小胸肉

食材（1人份）

鸡小胸肉………………………………2条
马铃薯淀粉、色拉油……………… 各适量
A [盐………………………………… 少许
  [咖喱粉…………………………1/2小勺
  [蛋黄酱……………………………1小勺
  [酱油……………………………1/2小勺

制作方法

1. 将鸡小胸肉去筋，切成1口大小，裹满A后涂抹马铃薯淀粉。
2. 在煎锅中放入稍多的色拉油，将1的肉一片一片放入锅中，煎炸两面。

配菜

咖喱黄油煮南瓜

食材（2人份）

南瓜…………………………………… 150g
A [盐………………………………… 少许
  [砂糖………………………………1小勺
  [咖喱粉…………………………1/2小勺
  [水…………………………………100ml
  [酱油………………………………1小勺
黄油……………………………………… 10g

制作方法

1. 将南瓜切成3cm宽的块。
2. 将南瓜皮向下码在小锅中，加入A，将盖子稍稍错开一点，开火。
3. 用中火将南瓜煮熟，出锅时加入黄油，裹匀即可。

*用白薯也可以。

配菜

不用炒的咖喱炒乌冬 R

食材（1人份）

猪肉薄片…………………………2片（60g）
四季豆……………………………………5根
煮乌冬………………………………………1团
咖喱粉……………………………………1/2小勺
盐、胡椒……………………………… 各少许
酱油………………………………………1小勺
芝麻油……………………………………1小勺

制作方法

1. 将四季豆取蒂后切成3cm长的段。猪肉切成易于食用的长度。
2. 将烹调吸油纸剪成边长30cm的正方形，放上煮乌冬。乌冬上按顺序放上四季豆、猪肉，肉上均匀撒上盐、胡椒、咖喱粉，淋入酱油和芝麻油，最后将吸油纸包成糖果形。
3. 用微波炉加热4分钟左右，确认肉变色后，搅拌均匀即可。

主菜

咖喱炸洋葱

食材（1人份）

洋葱…………………………………… 1/2个
咖喱粉…………………………………1/2小勺
盐……………………………………… 1小撮
低筋粉…………………………………… 3大勺
水……………………………………… 1大勺
色拉油………………………………… 适量

制作方法

1. 将洋葱切成薄片，放入盆中，加入咖喱粉、盐、低筋粉，用筷子混合均匀。
2. 全部裹满面粉后加入水，混合一下。
3. 在煎锅中多放入一些色拉油，用筷子将2的洋葱分成3等份，一份一份放入油中，炸至两面酥脆即可。

配菜

甜咸咖喱味奶酪煎蛋卷

食材（1人份）

鸡蛋……………………………………1个
A [盐………………………………… 1小撮
  [酱油……………………………1/2小勺
  [砂糖………………………………1小勺
  [咖喱粉…………………………1/2小勺
  [水…………………………………2大勺
奶酪片……………………………………1片
色拉油………………………………… 少许

制作方法

1. 将奶酪切成小丁。盆中放入鸡蛋和A，充分混合均匀。
2. 在玉子烧煎锅中倒入油，开火。将1分3次倒入煎锅中煎制。第一次倒入蛋液后，表面撒入奶酪，从外侧向内侧卷起。重复操作两次。
3. 切成易于食用的大小。

特别特别喜欢这个！（小思）

沙拉与甜品

甜味菜和酸味菜要放入便当盒以外的其他容器中。

醋炒海鲜和彩椒

食材（1人份）

冷冻混合海鲜·······················100g
彩椒································1/2个
洋葱································1/2个
橄榄油·····························1大勺
A ┌ 葡萄醋·························1大勺
  │ 盐····························1小撮
  │ 黑胡椒·························少许
  └ 砂糖·························1/2小勺
柠檬汁·····························1小勺
干香草（罗勒、牛至、意大利混合香草）
···································少许

制作方法

1. 将冷冻的混合海鲜放入滤网中，用清水冲掉表面的冰，控干水分。彩椒切成2cm宽的块。洋葱逆着纤维切成薄片。
2. 将1的海鲜放入小锅中，撒入橄榄油，盖上盖子，开火。海鲜煎熟后混合均匀，加入彩椒。加入A，用大火加热至没有水分，加入洋葱，搅拌均匀即可关火。
3. 加入柠檬汁和干香草，晾凉。
*图片中使用了紫皮洋葱，用普通洋葱也可以。

甜拌橙子番茄

食材（2人份）

橙子·······························1个
番茄·····························1小个
A ┌ 柠檬汁·························1小勺
  │ 枫糖浆·························1小勺
  └ 盐·····························少许

制作方法

1. 将橙子和番茄分别切成3cm宽的块。
2. 将橙子和番茄放入盆中，淋入A，混合均匀，将保鲜膜覆盖在食材上，腌制10分钟。
*可以选择应季的柑橘类水果。

拌草莓

食材（2人份）

草莓······························1/2包
A ┌ 枫糖浆·························2小勺
  └ 葡萄醋·························1小勺

制作方法

1. 在草莓（大个的对半切开）上撒上A，腌制10分钟使其入味。
*用圣女果也很好吃。

猕猴桃拌胡萝卜

食材（1人份）

胡萝卜·····················1/4根（50g）
猕猴桃·····························1/2个
A ┌ 盐····························1小撮
  │ 柠檬汁、枫糖浆、
  └ 特级初榨橄榄油···············各1小勺

制作方法

1. 将胡萝卜切成细丝，猕猴桃切成半圆形。
2. 在盆中放入1，加入A，搅拌一下，然后用保鲜膜覆盖在食材上，腌制10分钟使其入味。
*胡萝卜和橙子也可以。

酸果酱煮白薯苹果

食材（1人份）

白薯·······························1/2根（100g）
苹果··1/4个
A ┌ 水·····································100ml
  │ 酸果酱·································1小勺
  │ 盐·····································1/4小勺
  │ 砂糖·····································1小勺
  └ 柠檬汁···································2小勺

制作方法

1. 将白薯切成1cm的小丁，泡水去涩。将苹果切成相同大小。
2. 在小锅中放入1和A，中火加热，白薯煮熟后转小火，煮10分钟收汁。
*用柚子果酱代替酸果酱也可以。

柚子芹菜沙拉

食材（2人份）

柚子··1个
芹菜··1/2根
盐··少许
A ┌ 特级初榨橄榄油·························2小勺
  └ 黑胡椒·································少许

制作方法

1. 将芹菜斜向切成薄片，放入盆中，撒入盐后放置一会儿，芹菜变软后挤干水分（不要把盐冲掉）。柚子去皮，取出果肉。
2. 混合芹菜和柚子，加入A搅拌均匀即可。

胡萝卜丝凉拌圆白菜丝

食材（1人份）

圆白菜叶·····································1大片
胡萝卜·······················1/10根（20g）
盐··少许
A ┌ 枫糖浆·································1/2小勺
  │ 柠檬汁·································1小勺
  │ 蛋黄酱·································1大勺
  └ 黑胡椒·································少许

制作方法

1. 将圆白菜切成1cm宽的条，胡萝卜切成细丝，都放入盆中，撒入盐后稍微揉抹一下，变软后挤干水分。
2. 加入A，充分搅拌均匀即可。
*胡萝卜是搭配色彩的，不放也可以。放入玉米也可以。

白薯甜沙拉

食材（1人份）

白薯····································1根（200g）
A ┌ 葡萄干·································1大勺
  │ 盐·····································少许
  │ 枫糖浆·································1小勺
  └ 柠檬汁·································1小勺
蛋黄酱··2大勺

制作方法

1. 将白薯去皮，泡水去涩。然后加入没过白薯的水和盐（另备），将白薯煮熟。
2. 白薯煮至用竹签可以穿透时倒掉水，将白薯放在炉子上晃动，晾干水分，混合A的同时降低温度。最后加入蛋黄酱混合均匀。
*放入奶油奶酪也很好吃。

苹果圆白菜沙拉

食材（1人份）

苹果··1/4个
圆白菜叶·····································1大片
盐··少许
A ┌ 芥子粒·································1/2小勺
  └ 特级初榨橄榄油、柠檬汁·········各1小勺

制作方法

1. 将圆白菜切成3cm宽的块，苹果切成相同大小的薄片。
2. 圆白菜撒盐揉抹，变软后挤干水分，放入盆中。
3. 在2的盆中加入1的苹果和A，混合均匀即可。
*放入火腿也可以。

南瓜的蜂蜜坚果沙拉

食材（2人份）

南瓜··1/8个
奶油奶酪（独立包装）·························2个
A ┌ 盐·····································少许
  │ 蜂蜜·································2小勺
  └ 核桃·································2大勺

制作方法

1. 将南瓜切成块，放入没过南瓜的水和盐（另备）煮南瓜。将核桃切成大粒。奶油奶酪切成小丁。
2. 南瓜煮至用竹签可以穿透时倒掉水，晾干水分。晾至室温后加入A和奶油奶酪，混合均匀即可。
*用白薯也可以。

二女儿小娜和便当的那些事

二女儿小娜的书包上挂着好多食品模型，多到吓人。有看起来以假乱真的滑嫩煎蛋、有看似新鲜的甜虾刺身、有炸得酥脆的南瓜天妇罗、有切成梳子形的番茄、有裹满甜辣酱的鸡翅、有烤到正好下饭的咸三文鱼块……

由于小娜参加了需要严格控制体重的社团，所以随时随地管理着自己的体重，控制着所有入口食物的卡路里。可能是越想着一定不能胖，就越会觉得饿，所以才会有意无意地将那些栩栩如生的食物放在身边吧……

但是，经常是每天上午大约3个小时的课程上到一半的时候她就饿了，然后看着这些食物模型，想象着将它们全部吃掉！"啊，再坚持1小时，再坚持1小时就可以吃到妈妈早上做的便当了，坚持，马上就到便当时间了……"小娜说她每天都是这么度过整个上午的。

"所以，您要给我做好吃的便当呀！"
"我不想要干涩无味的凄惨便当！"
"我想吃超级好吃的便当！"
"您一定要好好想一想，这是我最享受的事情！"
这些都是女儿最想对我说的话……

二女儿明年就要成为高中生了。我还要再做3年半的便当。
也许，之后还要做。

第二章

快速制作的技巧

在这一章中，将会介绍各种缩短便当制作时间的技巧。
灵活掌握这些技巧，早上10分钟就能轻轻松松地完成便当！

技巧 1　用微波炉同时制作 3 种菜肴！
技巧 2　用烤鱼架同时制作 3 种菜肴！
技巧 3　睡觉时做好的塑料袋腌菜菜谱
技巧 4　只需倒入热水就能在中午吃到喷香菜肴的焖烧杯菜谱
技巧 5　只需周末做好后在周一的早上装盒的常备菜菜谱

技巧 **1** 用微波炉同时制作 3 种菜肴!

用微波炉同时做好3种菜肴超级节省时间。虽然有的菜肴需要先调味再加热，而有的菜肴需要先加热再调味，但都是在保鲜膜或烹调吸油纸中调味，所以基本没有要洗的东西！

青椒酿肉

食材（1人份）

青椒	2个
鸡肉馅	100g
低筋粉、白芝麻	各少许
A ┌ 面包屑、蛋黄酱	各1大勺
├ 蚝油	1小勺
└ 盐、胡椒	各少许

制作方法

1. 青椒对半切开，去籽后在内侧涂抹低筋粉。肉馅放入盆中，混合A。
2. 在青椒中填入肉馅，肉的表面压上芝麻。放在烹调吸油纸中包成糖果形。→☆

微波炉蔬菜杂烩

食材（1人份）

茄子	1/2根
圣女果	3个
洋葱	1/4个
培根	1片
盐	1小撮
特级初榨橄榄油	1/2大勺
混合海鲜	少许

制作方法

1. 茄子切成滚刀块，圣女果对半切开，洋葱切成梳子形，培根切成1cm宽的片。将所有食材放入烹调吸油纸中，包成糖果形。→☆

柠檬黄油蒸白薯

食材（1人份）

白薯	1/2小根（80g）
A ┌ 黄油	5g
├ 柠檬汁	1小勺
└ 盐	少许

制作方法

1. 将白薯切成7mm厚的圆片，泡水去涩。
2. 包在保鲜膜中（照片②）。→☆
3. 加热结束后，用A混合均匀（照片④）。

相同程序☆ 将3种菜肴码在耐热容器中（照片③），用微波炉加热6分钟。

重点

① 如果是加热前调味的菜肴，就在烹调吸油纸上加入调味料即可。

② 想要保持菜肴的湿润就用保鲜膜包起来（想要干爽口感的菜肴就用烹调吸油纸包成糖果形）。

③ 将3种菜肴放入同一个耐热器皿中，直接放入微波炉中加热。

④ 加热后调味的菜肴要趁热在保鲜膜上调味，晾凉即可。

这份丰盛感绝对让人想不到这是微波炉烹调出来的

青椒酿肉便当

肉汁不断流出，
特别好吃！
（小娜）

丰富蔬菜，清爽可口

姜汁三文鱼便当

姜汁三文鱼

食材（1人份）
生三文鱼·······························1块（120g）
盐、胡椒、低筋粉·····················各少许
A [生姜（磨碎）·······················1小勺
浓口酱油·······························1大勺
黄油·····································5g]

制作方法
1. 将生三文鱼切成一半，撒入盐、胡椒，全部涂抹低筋粉。
2. 将**1**放在烹调吸油纸上，淋入A。→☆

木鱼花煮蘑菇

食材（1人份）
丛生口蘑·······························1/2袋
杏鲍菇·································1根
A [木鱼花·······························1/2袋
盐·····································少许]

制作方法
1. 将丛生口蘑去根后分成小朵，杏鲍菇切成易于食用的大小，用保鲜膜包起来。→☆
2. 加热结束后打开保鲜膜，混合A即可。

柑橘醋拌茄子青椒

食材（1人份）
茄子·····································1小根
青椒·····································1个
A [芝麻油、柑橘醋·····················各1小勺
盐·····································少许]

制作方法
1. 将茄子切成滚刀块，青椒去籽后切成滚刀块，用保鲜膜包起来。→☆
2. 加热结束后混合A即可。

相同程序☆ 将3种菜肴码在耐热容器中，用微波炉加热5分钟。

全都是小娜喜欢的菜！
（小娜）

"炒菜"风味的便当用微波炉也可以制作

猪肉炒青椒丝便当

猪肉炒青椒丝

食材（1人份）

猪肉薄片	3～4片（80g）
青椒	1个

A ┌ 生姜（磨碎） ………………… 1小勺
└ 味啉、酱油、马铃薯淀粉、芝麻油
　　　　　　………………… 各1小勺

制作方法

1. 将猪肉切成细丝，青椒也切成细丝。在肉上裹满A，放在烹调吸油纸上，再放上青椒，包成糖果形。→☆

2. 加热结束后将肉打散，与青椒混合均匀。

金枪鱼煮土豆

食材（1人份）

土豆	1个
金枪鱼罐头	1/3罐
味啉、酱油	各1小勺

制作方法

1. 将土豆切成3cm宽的块，冲水清洗，放在烹调吸油纸上。再放上金枪鱼，撒入味啉、酱油，包成糖果形。→☆

黄芥末拌芹菜

食材（1人份）

芹菜	1/4根

A ┌ 黄芥末 …………………… 1/2小勺
├ 盐 ………………………… 少许
└ 芝麻碎 …………………… 1小勺

制作方法

1. 将芹菜切成滚刀块，用锡纸包起来。→☆

2. 加热结束后混合A即可。

相同程序☆ 将3种菜肴码在耐热容器中，用微波炉加热5分钟。

技巧 1 用微波炉同时制作3种菜肴！

技巧 2　用烤鱼架同时制作 3 种菜肴！

烤鱼架与微波炉一样，是缩短制作时间不可或缺的工具，最适合用在想要烤出焦香四溢以及激发蔬菜甘甜的时候。放上锡纸或用锡纸包起来，调味料也可以先放或后放。烹调方法十分丰富，但烤鱼架和盘子都不会脏，只需要放在架子上烤就可以完成简单菜肴。

高汤白酱油焗猪肉

食材（1人份）

猪肉薄片	3~4片（80g）
盐、胡椒	各少许
洋葱	1/2个

A
┌ 高汤白酱油 ⋯⋯⋯⋯⋯⋯1大勺
├ 芝麻碎 ⋯⋯⋯⋯⋯⋯⋯⋯1小勺
├ 芝麻油 ⋯⋯⋯⋯⋯⋯⋯⋯1小勺
└ 黄芥末 ⋯⋯⋯⋯⋯⋯⋯1/2小勺

制作方法
1. 将洋葱逆着纤维切成1cm宽。
2. 将洋葱码在锡纸中，铺上猪肉，撒入盐、胡椒，揉抹A（照片①），最后用锡纸包起来。→☆

烤太阳蛋

食材（1人份）

鸡蛋	1个
色拉油	少许

制作方法
1. 在锡纸中涂抹色拉油，打入鸡蛋。不包起锡纸，直接打开放在烤盘上加热。→☆
2. 3分钟后取出。

焗芦笋和培根沙拉

食材（1人份）

芦笋	3根
培根	1片
A［芥子粒、蛋黄酱］	各1小勺

制作方法
1. 削掉芦笋根部的皮，切成3等份。培根切成1cm宽。
2. 用锡纸将1包起来。→☆
3. 加热结束后，放入A搅拌均匀。（照片④）

相同程序☆ 将3种菜肴码在烤鱼架上（照片③），用中火加热7分钟（只有鸡蛋3分钟取出）。

重点

在烤鱼架上使用"不粘锡纸"十分方便（用抹油的普通锡纸也可以）。

① 加热前调味就在锡纸上混合调味料。

② 太阳蛋是在锡纸打开的状态下加热的。

③ 将打开的锡纸和包起来的锡纸一起放在烤鱼架上加热。

④ 加热后调味的话就趁热在锡纸上调味，再晾凉即可。

饭菜和太阳蛋
一起吃，
特别好吃！
（小思）

猪肉和太阳蛋用烤鱼架一起做好

高汤白酱油焗猪肉便当

奶酪粉风味的酥脆美味

酥脆油炸鸡小胸肉便当

油炸鸡小胸肉

食材（1人份）

鸡小胸肉·····················2条

A　低筋粉·····················1小勺
　　蛋黄酱·····················2小勺
　　盐、胡椒·····················各少许

B　面包糠·····················2大勺
　　奶酪粉·····················1/2小勺
　　色拉油·····················2小勺

制作方法

1. 将鸡小胸肉切断筋后斜向切成2块，裹满A，涂抹B，码在锡纸上。锡纸不包起来，打开着加热。→☆

木鱼花酱油拌焗蘑菇

食材（1人份）

香菇·····················2个
金针菇·····················1/2袋

A　木鱼花·····················1/2袋
　　酱油·····················1小勺

制作方法

1. 香菇和金针菇去根后切成易于食用的大小，用锡纸包起来。→☆
2. 加热结束后，用A搅拌均匀。

味噌绿芥末拌圆白菜

食材（1人份）

圆白菜叶·····················2片

A　味噌、芥末·····················各1/2小勺
　　蛋黄酱·····················1小勺

制作方法

1. 圆白菜切成2cm宽的块，包在锡纸中。→☆
2. 加热结束后，用A搅拌均匀。

相同程序☆ 将3种菜肴码在烤鱼架上，用中火加热7分钟。中途将油炸鸡小胸肉翻面。

烤鱼架也能煮鸡蛋哦

茄子汉堡肉饼便当

茄子汉堡肉饼

食材（1人份）

混合肉馅	100g
茄子	1/2根

A ⎡ 味噌 1小勺
　 ⎢ 面包糠 2大勺
　 ⎣ 盐、花椒粉 各少许

制作方法

1.将茄子切成小丁，与肉馅、A混合成圆形，包在锡纸中。→☆

相同程序☆ 将3种菜肴码在烤鱼架上，用中火加热8分钟。

烤鱼架煮蛋

食材（1人份）

鸡蛋	1个
盐	少许

制作方法

1. 使用恢复至室温的鸡蛋。用锡纸包起来。→☆

2. 加热结束后，用余热加热（包着锡纸）10分钟。

3. 剥壳后切成一半，撒盐。

南瓜沙拉

食材（1人份）

南瓜	1/8个

A ⎡ 蜂蜜 1小勺
　 ⎣ 盐、咖喱粉、葡萄干 各少许

制作方法

1. 将南瓜切成4cm厚的薄片，包在锡纸中。→☆

2. 加热结束后，用A搅拌均匀。

技巧2 用烤鱼架同时制作3种菜肴！

将食材和调味料放入有自封口的塑料袋中，在冰箱冷藏室里腌制一晚就能做成一道腌菜。制作前一天的晚餐时顺便做好放进冰箱，让第二天的早晨轻轻松松！

技巧 3

睡觉时做好的

塑料袋腌菜菜谱

重点

1 在塑料袋中放入食材和调味料。

2 轻轻揉捏塑料袋，使调味料均匀分布。

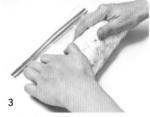

3 开着自封口，挤出空气，小心不要洒出汤汁。

4 在挤出空气的状态下封紧自封口。

保存……冷藏，5日

清爽高汤白酱油腌圆白菜

食材（4人份）
圆白菜叶……………3片
高汤白酱油…………2大勺
米醋…………………1大勺

制作方法
1. 将圆白菜切成1口大小。
2. 将圆白菜和调味料放入塑料袋中，在冰箱冷藏室中腌制一晚。
*也可以用白菜制作。也可以加入芥末或柚子胡椒提味。

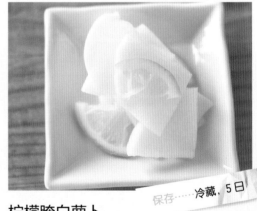

保存……冷藏，5日

柠檬腌白萝卜

食材（4人份）
白萝卜………5cm（250g）
柠檬…………………1/4个
盐……………………1/2小勺
砂糖…………………1小勺

制作方法
1. 白萝卜去皮后切成扇形。柠檬切成薄片。
2. 全部放入塑料袋中，在冰箱冷藏室中腌制一晚。
*用芜菁也很好吃。

保存⋯⋯冷藏，5日

中式腌胡萝卜

食材（4人份）

胡萝卜⋯⋯⋯⋯ 1根（200g）
砂糖⋯⋯⋯⋯⋯⋯ 2小勺
酱油⋯⋯⋯⋯⋯⋯ 1大勺
干辣椒⋯⋯⋯⋯⋯ 1根
芝麻油⋯⋯⋯⋯⋯ 1小勺

制作方法

1. 将胡萝卜切成半圆形。
2. 将所有食材放入塑料袋中，在冰箱冷藏室中腌制一晚。

*干辣椒可以用辣椒油或辣椒粉代替。

保存⋯⋯冷藏，3日

浓口酱油生姜腌黄瓜

食材（4人份）

黄瓜⋯⋯⋯⋯⋯⋯ 3根
浓口酱油⋯⋯⋯⋯ 3大勺
生姜（黄瓜）⋯⋯ 2大勺
芝麻油⋯⋯⋯⋯⋯ 1小勺

制作方法

1. 将黄瓜切成条状，撒入少许盐（另备），腌至变软。
2. 挤干黄瓜的水分，将所有食材放入塑料袋中，在冰箱冷藏室中腌制一晚。

*用白萝卜也很好吃。

保存⋯⋯冷藏，3日

黄芥末腌小松菜

食材（2人份）

小松菜⋯⋯⋯⋯ 1/2捆（2棵）
盐⋯⋯⋯⋯⋯⋯⋯ 1小撮
砂糖⋯⋯⋯⋯⋯⋯ 1小勺
酱油⋯⋯⋯⋯⋯⋯ 2小勺
黄芥末⋯⋯⋯⋯⋯ 2小勺

制作方法

1. 将小松菜切成4cm长。
2. 将所有食材放入塑料袋中，在冰箱冷藏室中腌制一晚。

*小松菜可以用芜菁叶子、白萝卜叶子、小白菜代替。

保存⋯⋯冷藏，5日

芝麻拌牛蒡

食材（4人份）

牛蒡⋯⋯⋯⋯⋯⋯⋯⋯⋯ 2根
　　┌ 盐⋯⋯⋯⋯⋯⋯⋯ 1/2小勺
A　│ 砂糖、酱油、米醋⋯⋯ 各1大勺
　　└ 芝麻碎⋯⋯⋯⋯⋯⋯ 2大勺

制作方法

1. 将牛蒡削皮后切成5cm长的条状，泡水去涩。
2. 在锅中煮沸水，将1的牛蒡煮3分钟后捞出，用滤网控干水分。
3. 将2的牛蒡和A一起放入塑料袋中，晾至室温后放入冰箱冷藏室腌制一晚。

*放入胡萝卜一起腌制也很好吃。

只需将食材放入焖烧杯中后倒入热水即可！中午的时候就变成好喝的汤了。简单又健康，推荐减肥中的女孩试一试。

技巧4

只需倒入热水就能
在中午吃到

喷香菜肴
的焖烧杯
菜谱

*使用容量250ml的焖烧杯。

重点

首先，将食材全部
放入焖烧杯中。

倒入热水，马上盖上盖子就
可以了
（制作后经过5小时就会慢
慢变温。）

和式

粉丝梅子汤

食材（1人份）
咸海带…………………1小撮
梅子……………………1个
白芝麻…………………1小勺
粉丝……………………10g
小葱（切小段）……少许
热水……………………200ml

制作方法
1. 将所有食材放入焖烧杯中，
倒入热水，盖紧盖子。
*使用剪好的无须事先泡发的粉
丝。

中式

樱花虾鲜香中式汤

食材（1人份）
樱花虾…………………1小勺
干裙带菜碎……………1小勺
芝麻油…………………1小勺
小葱（切小段）……少许
盐………………………1/3小勺
热水……………………200ml

制作方法
1. 将所有食材放入焖烧杯中，
倒入热水，盖紧盖子。

足量圆白菜汤

食材（1人份）

圆白菜叶……………………1片
高汤白酱油………………1大勺
芝麻碎………………………1小勺
芝麻油………………………1小勺
热水……………………200ml

制作方法

1. 将圆白菜切成易于食用的大小。
2. 将所有食材放入焖烧杯中，倒入热水，盖紧盖子。

圣女果和玉米汤

食材（1人份）

圣女果………………………3个
冷冻玉米…………………1大勺
咸海带……………………1小撮
胡椒…………………………少许
奶酪片………………………1片
热水……………………200ml

制作方法

1. 将圣女果对半切开。
2. 将所有食材放入焖烧杯中，倒入热水，盖紧盖子。

蘑菇香浓洋葱汤

食材（1人份）

炸洋葱…………………… 1大勺
丛生口蘑………………1/3袋
木鱼花…………………… 1小撮
酱油……………………1/2小勺
盐…………………………… 1小撮
热水…………………… 200ml

制作方法

1. 将丛生口蘑去根后分成小朵。
2. 将丛生口蘑和其他食材一起放入焖烧杯中，倒入热水，盖紧盖子。

通心面玉米咖喱汤

食材（1人份）

冷冻玉米…………………… 1大勺
事先水煮的通心面…… 2大勺
炸洋葱…………………… 1大勺
咖喱粉……………………1/2小勺
木鱼花…………………… 1小撮
盐…………………………… 1小撮
热水…………………… 200ml

制作方法

1. 将所有食材放入焖烧杯中，倒入热水，盖紧盖子。

技巧 5

只需周末做好后在周一的早上装盒的

常备菜菜谱

在有时间的时候将常备菜做好备用就会很安心。为了更好地保鲜，保存容器和筷子等也要使用干净的。

微波炉橄榄油蒸鸡小胸肉 R

食材（3人份）
鸡小胸肉·······················3条
盐、砂糖······················各少许
橄榄油························1大勺

制作方法
1. 将鸡小胸肉去筋，两面薄薄、均匀地撒上盐和砂糖，放入耐热容器中，在室温下腌制15分钟。
2. 淋入橄榄油，松松地盖上保鲜膜，用微波炉加热2分钟，将肉翻面后再加热1分钟。盖着保鲜膜，用余热加热30分钟左右。
3. 用叉子将鸡肉拆散，放入保存容器中，在冰箱中冷藏保存。

蚝油炒莲藕　保存……冷藏，5日

食材（4人份）
莲藕························250g
芝麻油·······················1大勺
A ┌蚝油······················1大勺
　└砂糖、酱油、米醋·········各1小勺

制作方法
1. 将莲藕去皮，切成薄片，泡水去涩。
2. 在煎锅中倒入芝麻油，开火，将1的莲藕炒至熟透。加入A，煮至没有汤汁。晾凉后放入保存容器中，在冰箱中冷藏保存。

韩式金平牛蒡

食材（4人份）
牛蒡·························1根
胡萝卜···················1根（150g）
牛肉边角料······················100g
芝麻油·······················1大勺
A ┌砂糖······················2小勺
　│辣椒酱······················2小勺
　└味啉、酱油·················各1大勺

制作方法
1. 将牛蒡和胡萝卜分别切成细丝，将牛肉切成1cm长。
2. 在煎锅中倒入芝麻油，开火，放入牛肉翻炒。炒至牛肉变色后放入牛蒡和胡萝卜，炒至全部变软。
3. 加入A，炒至没有汤汁、色泽红亮即可。晾凉后放入保存容器中，在冰箱中冷藏保存。

甜味煮白薯

食材（4人份）
白薯·························2根
水·························200ml
A ┌砂糖······················2大勺
　│盐·······················1/2小勺
　└酱油······················1/2小勺

制作方法
1. 去掉白薯的两端，去皮呈条纹状。切成1.5cm厚的圆片，泡水去涩。
2. 在锅中放入1的白薯和水，加入A，开火。水开后转小火，用硅胶盖盖在白薯上，煮12分钟左右。晾凉后放入保存容器中，在冰箱中冷藏保存。

芥子粒腌蘑菇

食材（4人份）
丛生口蘑·······················1包
灰树花························1包
培根·························50g
橄榄油·······················1大勺
A ┌高汤白酱油···················2大勺
　│芥子粒······················1小勺
　│葡萄醋······················1大勺
　└蒜（磨碎）···················少许

制作方法
1. 将丛生口蘑去根后分成小朵。将灰树花切成易于食用的大小。
2. 在锅中倒入橄榄油，将1的蘑菇炒制变软，加入切细的培根和A，继续翻炒1分钟左右，关火。晾凉后放入保存容器中，在冰箱中冷藏保存。

鲜香煮蘑菇

食材（4人份）
灰树花·······························100g
杏鲍菇·······························100g
A ⌈ 味啉、酱油·····················各1大勺
　 ⌊ 樱花虾·························1大勺

制作方法
1. 将灰树花、杏鲍菇切成易于食用的大小。
2. 在锅中放入**1**的蘑菇和A，开火。一边搅拌一边煮浓至蘑菇变软。晾凉后放入保存容器中，在冰箱中冷藏保存。

保存······**冷藏，5日**

保存······**冷藏，3日**

咸味芝麻拌小白菜

食材（4人份）
小白菜·······························2棵
A ⌈ 盐···························1/2小勺
　 ｜ 芝麻碎·························1大勺
　 ⌊ 芝麻油·························1大勺

制作方法
1. 将小白菜切成3cm长的段。根部切成梳子形。
2. 在锅中煮沸水，加入一点点盐（另备），将**1**煮成嫩绿色。用流水冲凉后挤干水分。
3. 放入盆中，用A搅拌均匀。放入保存容器中，在冰箱中冷藏保存。

煮油炸豆腐

食材（4人份）
油炸豆腐（炸透薄块）·················4片
A ⌈ 水···························200ml
　 ｜ 砂糖·························2大勺
　 ⌊ 酱油·························1小勺

制作方法
1. 将油炸豆腐码在滤网中，用热水泡发，然后用厨房纸巾按压，吸出油分。将处理好的油炸豆腐切成3cm宽的块。
2. 在锅中放入**1**的油炸豆腐和A，开火，或煮开后转小火煮10分钟左右，直至煮透。晾凉后放入保存容器中，在冰箱中冷藏保存。

保存······**冷藏，5日**

甜咸根菜

食材（4人份）
牛蒡·································1根
胡萝卜···························1根（200g）
马铃薯淀粉、色拉油、白芝麻········各适量
A ⌈ 砂糖·························2大勺
　 ｜ 水···························1大勺
　 ｜ 酱油·························2小勺
　 ⌊ 米醋·························1小勺

制作方法
1. 将牛蒡和胡萝卜分别切成4cm长的条状，与马铃薯淀粉一起放入塑料袋中摇匀，使牛蒡和胡萝卜沾满淀粉。
2. 在煎锅中倒入5mm深的色拉油，开火，分散放入**1**。不时翻动，炸至焦香上色并变轻后，盛入平盘中。
3. 擦掉煎锅中的油，放入A。开小火，沸腾后放回**2**的牛蒡和胡萝卜，搅拌至裹匀酱汁后关火，撒入白芝麻。晾凉后放入保存容器中，在冰箱中冷藏保存。

保存······**冷藏，5日**

调味煮鸡蛋

食材（4人份）
鸡蛋·································4个
A ⌈ 水···························1000ml
　 ｜ 盐···························1小撮
　 ｜ 味啉、酱油·····················各1大勺
　 ⌊ 木鱼花·························1小包

制作方法
1. 将鸡蛋恢复至室温。在锅中煮大量水。将A在其他小锅中煮开后晾凉备用。
2. 水开后慢慢放入鸡蛋，煮7分钟左右，捞出鸡蛋，放入凉水中。
3. 将**2**的鸡蛋剥壳，腌入**1**的汤汁中半天左右，使其入味。晾凉后，将鸡蛋与汤汁一起放入保存容器中，在冰箱中冷藏保存。

保存······**冷藏，3日**

生姜酱油腌炸茄子和彩椒

食材（4人份）
长茄子·······························2根
彩椒（黄）····························1个
色拉油·······························适量
A ⌈ 生姜（磨碎）··············食指指尖大小
　 ｜ 砂糖·························1小勺
　 ⌊ 酱油·························1.5大勺

制作方法
1. 将茄子切成条状，在盐水（另备）中腌1分钟左右，然后充分挤干水分。将青椒切成2cm宽的块。将A在平盘中混合均匀备用。
2. 在煎锅中多倒一些色拉油，油热后放入**1**的茄子。出现焦黄色后翻面，将茄子煎熟，取出来放入**1**的平盘中。将彩椒放入空了的煎锅中翻炒，炒熟后将彩椒放入平盘中，轻轻混合均匀，腌制30分钟。晾凉后放入保存容器中，在冰箱中冷藏保存。

保存······**冷藏，5日**

三女儿小思和便当的那些事

小思的叛逆已经让妈妈头疼快两年了。
小思小时候特别可爱，妈妈自行车的后座一直就是小思的专用特等座，甚至她都长到很大了还是一样。在外面会很黏人，常常会说着"好累呀！不想走了，妈妈背"，然后就自己爬上来了。即使在家也是一样，妈妈在厨房里忙得团团转的时候，小思也会央求着让妈妈背，就算能自己玩也不会自己玩（果然是最小的孩子）。

再看看现在。
那张可爱的小嘴总对妈妈说一些让人讨厌的话。"好差劲啊！""肚子饿死啦！"偶尔给她做一次便当，她也不会说任何感谢或是关心的话。

就是这样的小思，前几天被社团活动中一位她很尊敬的前辈看见了她的便当，"看着真好吃呀！"据说是被前辈表扬了。虽然那天的菜是小思最喜欢的煎肉排（将猪肉馅、山药等和鸡蛋、小麦粉混合后烤成的），但她还是将3块中的1块送给了非常喜欢的前辈。小思回来后得意地跟我说："前辈说好吃得都要上天了！""哦，这样啊。"我轻描淡写地回答她。结果小思生气："等一下！前辈说'好吃得都要上天了'呀！超棒的啊！再惊讶一点嘛！再高兴一点啊！"

啊，这样啊。
小思不好意思用自己的话来对妈妈表示感谢，于是就这样借用别人的话来向妈妈说谢谢。这样腼腆的性格，好像和谁很像呢……

第三章
可爱便当的诀窍

想被挑剔的"女孩子"点赞，光是好吃是绝对不够的。
"可爱"才是便当的重点。
在这一章中将会介绍让便当变可爱的窍门。

贴士 1　超可爱"6 色肉末盖饭便当"！
贴士 2　"不捏饭团"是热议话题！
贴士 3　"超大量盖饭"之谜！
让便当变可爱的小窍门 10 连发

忍不住想向大家炫耀的超可爱

"6色肉末盖饭便当"

将少量的肉泥混进每种菜肴中而制作成的肉末盖饭总是给人很麻烦的印象。
但是，交给我佳苗姐吧，我会充分利用微波炉、烤鱼架、炉灶，用10分钟
的时间就能做成6色的肉末盖饭！肉末的配菜参考P78～P79即可，按照自
己的喜好改变也可以。

6色肉末盖饭

食材（1人份）

西蓝花 R
西蓝花·················· 6大朵
A ［ 木鱼花·············· 1小撮
    酱油·············· 1/2小勺

茄子 R
茄子·················· 1/2根
B ［ 柑橘醋·············· 2小勺
    芝麻油·············· 1小勺

土豆 R
土豆·················· 1个
C ［ 芝麻碎·············· 1小勺
    盐················· 少许
    芝麻油·············· 1小勺

彩椒 G
彩椒·················· 1/4个
D ［盐］·················· 少许

咖喱肉末
混合肉馅·················· 100g
色拉油·················· 少许
F ［ 味啉、酱油··········· 各1小勺
    咖喱粉·············· 1/2小勺

鸡蛋
鸡蛋·················· 1个
色拉油·················· 少许
E ［盐、砂糖］··········· 各少许

米饭·················· 适量

制作方法

1. 西蓝花分成小朵。将茄子切成1.5cm宽的块。土豆切成1cm宽的块，冲水洗净。分别包入保鲜膜中。
2. 彩椒切成1.5cm宽的块，用锡纸包起来。
3. 将1码在耐热容器上（照片①），用微波炉加热3分钟。将2用烤鱼架焗3分钟。
4. 加热结束后，西蓝花用A调味（照片②），茄子用B调味，土豆用C调味，彩椒用D调味（照片③），全部晾凉。
5. 晾凉后，在煎锅中倒入色拉油，开火，翻炒肉末至变色，加入F，炒至入味，关火。
6. 在盆中放入鸡蛋和E后打散。煎锅中倒入色拉油，开火，将鸡蛋倒入煎锅中，一边混合一边加热，盛出备用。
7. 将各种配菜美观地盖在米饭上。（照片④、⑤）

重点

① 用微波炉加热的食材分别包在保鲜膜中，一起加热。

② 用微波炉加热结束后，在保鲜膜中调味。不会弄脏碗盘。

③ 用烤鱼架加热结束后，在锡纸中调味。

④ 细碎的肉末用勺子，大颗的肉末用筷子，从一边码到另一边。为了可以再调整，稍稍留一些肉末备用。

⑤ 全部填满后，为了表面高度相同，添加剩余的肉末并做调整。

6 色肉末盖饭便当

特别好吃！会让人吃撑的便当，小心哦！
（小娜）

好吃! 可爱! 方便!

"不捏饭团" 是热议话题!

现在在日本被作为话题热议的"不捏饭团"俘获了许多女中学生的心。
无论咬哪里都有馅料，而且所有味道都能吃到! 形状、颜色都非常可爱。
用蜡纸一个个卷起来，方便分给朋友们。

不捏饭团便当

食材（2个量）

黄芥末酱油裹牛肉

牛肉薄片	4片（120g）
色拉油	少许
A ┌ 酱油	1小勺
└ 黄芥末	1小勺

木鱼花炒牛蒡

牛蒡	1/4根
色拉油	少许
木鱼花	1/2袋
B ┌ 砂糖	1/2小勺
│ 味啉、酱油	各1小勺
└ 水	2大勺

玉子烧

鸡蛋	2个
盐、砂糖、色拉油	各少许

紫苏叶	2片
奶酪片	2片
米饭	2碗少一点
盐、芝麻油	各少许
方形海苔	2片

制作方法

1. 将牛肉切成易于食用的大小。在煎锅中均匀淋入色拉油，将牛肉两面煎好后盛出，裹满A。

2. 将牛蒡切成细丝，泡水去涩。煎锅中倒入色拉油，翻炒牛蒡，全部过油后加入B，炒至没有汤汁后撒入木鱼花，关火。

3. 在盆中放入鸡蛋、盐、砂糖，混合均匀。玉子烧煎锅中倒入色拉油，开火，倒入一半蛋液，煎成片状。对折后盛入盘中。再制作1片（根据不捏饭团的大小切掉边缘）。

4. 在米饭中撒入盐、芝麻油，搅拌均匀。

5. 铺开方形海苔，放上1/4量的（1/2碗）**4**的米饭（照片①）。

6. 在米饭上按顺序放上玉子烧、紫苏叶、奶酪、牛蒡、牛肉（分别1/2量，照片②~③），最后放上1/4量的米饭（照片④），将海苔叠起来（照片⑤~⑥）。叠完后尾部向下放置（照片⑦），海苔变软后对半切开（照片⑧）。再制作1个。

① 海苔的背面（粗糙的一面）放上1/2碗米饭，尽量铺成方形且平整。

② 在鸡蛋上按顺序放上玉子烧、紫苏叶。

③ 放上奶酪、牛蒡、牛肉。

④ 上另外1/2碗米饭。

⑤ 海苔的4个角叠起来。

⑥ 将角捏进内侧更好看。

⑦ 叠完的尾部向下放置一会。

⑧ 在中间切开。

大家都说特别好吃！
下次自带聚餐的时候，
妈妈要给我做这个哟！
（小娜）

利用常备菜十分简单
不捏饭团便当

适合米饭的肉末配菜

可以用于肉末盖饭或不捏饭团！

可以用于肉末盖饭或不捏饭团，当然也可以用于饭团！做好备用十分方便。

咸海带煮丛生口蘑 ®

食材（1人份）
丛生口蘑·······················1/2包
A ┌ 咸海带·········· 用筷子夹1小撮
　└ 味醂、酱油··········· 各1小勺

制作方法
1. 将丛生口蘑去根后分成小朵，放入耐热容器中，加入A，盖上保鲜膜，用微波炉加热2分钟。
2. 充分混合，使其入味。

咸味茄子金枪鱼末 ®

食材（1人份）
茄子···························· 1小根
金枪鱼罐头················· 1大勺
盐、胡椒···················· 各少许

制作方法
1. 将茄子切成2cm宽的块，放入耐热容器中，盖上保鲜膜，用微波炉加热1分30秒。
2. 在茄子中加入盐、胡椒混合均匀，再加热30秒。

咸海带黄油拌四季豆 ®

食材（1人份）
四季豆························· 10根
黄油···························· 5g
咸海带························· 1小撮

制作方法
1. 将四季豆去蒂后切成3cm长的段，放入耐热容器中，盖上保鲜膜，用微波炉加热1分30秒。
2. 趁热加入黄油和咸海带，充分搅拌均匀。

芝麻金平胡萝卜

食材（1人份）
胡萝卜···············1/3根（70g）
盐····························· 少许
味醂、酱油、芝麻油、白芝麻 各1小勺

制作方法
1. 将胡萝卜切成细丝。
2. 在煎锅中倒入色拉油，放入胡萝卜，开火，炒至变软。加入味醂、酱油，炒至没有汤汁，出锅时撒入白芝麻。

红紫苏蛋黄酱鸡蛋 ®

食材（1人份）
鸡蛋···························· 1个
红紫苏························· 1/2小勺
蛋黄酱························· 1大勺
砂糖···························· 1/2小勺

制作方法
1. 将鸡蛋打入耐热马克杯中。加入红紫苏、蛋黄酱、砂糖，用叉子充分打散搅拌均匀。
2. 用微波炉加热1分钟左右，鸡蛋热透后用筷子适度搅散。

蛋黄酱咖喱炒青椒

食材（1人份）
青椒···························· 1个
蛋黄酱························· 1小勺
咖喱粉························· 少许
盐、胡椒···················· 少许

制作方法
1. 将青椒切成细丝。
2. 在煎锅中放入蛋黄酱和青椒，开火。炒至变软后加入咖喱粉、盐、胡椒，混合均匀即可。

柚子胡椒鸡肉末

食材（1人份）

鸡肉馅	100g
味啉	1大勺
酱油	1/2大勺
柚子胡椒	1/2小勺

制作方法

1. 在小锅中放入除柚子胡椒以外的食材，用筷子搅拌均匀后加热。

2. 一边混合一边加热至肉末熟透，关火，加入柚子胡椒，混合均匀。

甜咸猪肉末

食材（1人份）

猪肉馅		100g
芝麻油		1/2大勺
A	蚝油、酱油	各1/2小勺
	砂糖	1小勺
	生姜（磨碎）	1/2小勺

制作方法

1. 在煎锅中倒入芝麻油，开火，炒制猪肉。

2. 肉馅变色后加入A，煮至没有水分。

梅子柑橘醋牛肉末

食材（1人份）

牛肉薄片		100g
色拉油		少许
A	砂糖	1小勺
	酒	1小勺
	柑橘醋	1大勺
	梅子	1个

制作方法

1. 将牛肉切成1cm宽。

2. 在煎锅中倒入色拉油，开火，翻炒牛肉。牛肉变色后加入A，煮至没有汤汁。

黄芥末味噌的罐装青花鱼末

食材（易于制作的量，约2人份）

水煮青花鱼罐头		1罐（190g）
A	砂糖、味噌	各1大勺
	黄芥末、白芝麻	各1小勺

制作方法

1. 轻轻控干青花鱼罐头的水分，将青花鱼放入小锅中，加入A，开火。

2. 不时搅拌，煮至没有水分。

豆腐末

食材（1人份）

嫩豆腐	150g
芝麻油	1大勺
盐	1/4小勺
木鱼花	1/包

制作方法

1. 将豆腐轻轻控干水分，用手捏碎成大块，放入小锅中。

2. 倒入芝麻油，开火，炒至水汽飞出。加入盐、木鱼花，混合均匀后关火。

味噌蛋黄酱拌清脆芹菜

食材（1人份）　Ⓡ

芹菜		1/2根
芝麻油		1小勺
A	砂糖	1小勺
	味噌	1小勺
	蛋黄酱	1小勺

制作方法

1. 将芹菜切成薄片。将芹菜放入耐热容器中，淋入芝麻油，盖上保鲜膜，用微波炉加热2分钟。

2. 加入A，充分混合，再加热30秒。

将大份菜肴一下子
都放在饭上的好吃的

"超大量盖饭"之迷！

将大份菜肴一下子都放在饭上，不知道为什么看起来十分好吃的"超大量盖饭"之迷！
普通的菜肴只要一下子都放在饭上，就会变成勾人食欲的便当，真是不可思议。码上3种菜肴，
香喷喷的超棒便当就做好了。加入海苔、蛋皮丝、红姜、紫苏等会变得更加色彩缤纷！

小葱蛋黄酱三文鱼的超大量盖饭便当
（＋狮头辣椒＋白薯＋海苔） Ⓖ

食材（1人份）

生三文鱼……………………1块（120g）
盐……………………………………… 适量
A ┌ 味噌、蛋黄酱………… 各1小勺
　│ 小葱（切小段）………… 1大勺
　└ 七味粉……………………………… 少许
狮头辣椒……………………………… 6根
白薯……………………… 1/3根（80g）
米饭……………………………………… 适量
海苔碎……………………………… 2大勺

制作方法

1. 将三文鱼切成一半，撒盐腌制10分钟，用厨房纸巾擦干出水。
2. 混合A，涂抹在1的表面，将三文鱼放在锡纸上。狮头辣椒放在三文鱼旁边（打开着不包起来）。
3. 白薯切成条状，用锡纸包起来。
4. 将2和3放在烤鱼架上，加热7分钟左右（照片①）。白薯在加热后马上打开锡纸，撒盐，晾凉。
5. 在米饭上放上海苔碎，再放上4（照片②~④）。

① 丰富的菜肴用烤鱼架一起加热。

② 放上海苔碎。重点是四周要露出一些，使其都能被看到。

③ 观察饭菜的比例，大量地放上主菜。

④ 白薯紫色和黄色的部分都能看见比较漂亮。

味道浓厚，"鱼肉超大量盖饭"

小葱蛋黄酱三文鱼的
超大量盖饭便当

紫苏十分利口的"猪肉超大量盖饭"

味噌腌猪肉烤肉的
超大量盖饭便当

味噌腌猪肉烤肉的超大量盖饭（＋紫苏＋蛋皮丝）

食材（1人份）

猪肉薄片⋯⋯⋯⋯⋯⋯⋯⋯⋯⋯⋯⋯⋯3片
味噌、味啉⋯⋯⋯⋯⋯⋯⋯⋯⋯⋯各1小勺
鸡蛋⋯⋯⋯⋯⋯⋯⋯⋯⋯⋯⋯⋯⋯⋯1个
盐、砂糖⋯⋯⋯⋯⋯⋯⋯⋯⋯⋯⋯各少许
色拉油⋯⋯⋯⋯⋯⋯⋯⋯⋯⋯⋯⋯⋯少许
紫苏叶⋯⋯⋯⋯⋯⋯⋯⋯⋯⋯⋯⋯⋯3片
米饭⋯⋯⋯⋯⋯⋯⋯⋯⋯⋯⋯⋯⋯⋯适量

制作方法

1. 将味噌和味啉混合后均匀涂抹在肉的两面，包上保鲜膜，在冰箱冷藏室中腌制一晚。
2. 在盆中打入鸡蛋，用盐和砂糖调味，打散搅匀。
3. 在煎锅中倒入色拉油，开火，倒入**2**的鸡蛋，煎成薄蛋皮。翻面后再煎一下，取出晾凉，切成细丝。
4. 在空了的煎锅中放入**1**的肉，用小火煎烤肉的两面，注意不要烤糊。
5. 在米饭上放上**3**的蛋皮，交错放入肉和紫苏叶。
*这里使用了稍厚的生姜烤肉用的猪肉，如果是更薄一点的肉请使用4片。

下饭的甜咸味道，"蔬菜超大量盖饭"

甜咸煮茄子和油炸豆腐的
超大量盖饭便当

甜咸煮茄子和油炸豆腐的超大量盖饭（＋炒鸡蛋＋红姜）

食材（1人份）

茄子	1根
油炸豆腐	1/2片
A ┌ 水	50ml
│ 味啉	1大勺
│ 砂糖	少许
└ 酱油	1小勺
鸡蛋	1个
盐、砂糖	各少许
色拉油	少许
豌豆荚、红姜	各少许
米饭	适量

制作方法

1. 将茄子切成3cm宽的块，放入盐水（另备）中腌制1分钟，充分挤干水分。油炸豆腐切成3cm宽的块。

2. 在锅中放入茄子和油炸豆腐后，再加入A，开火。煮至汤汁变少。

3. 在盆中放入鸡蛋、盐、砂糖，打散搅匀。在煎锅中倒入色拉油，油热后倒入蛋液饼搅拌，制作炒鸡蛋。

4. 在米饭上放上3的炒鸡蛋、2的茄子和油炸豆腐。豌豆荚用微波炉加热10秒钟，与红姜一起点缀在便当中。

让便当变可爱的
小窍门 **10** 连发

今天便当的菜肴颜色不好看，好像缺点什么……虽然这样想，但是不要放弃哦。
只需要一点点的技巧就能改头换面地让便当变可爱，下面就将这些小窍门介绍给你们！

1 不是只有圣女果哦！红颜色的食材是菜肴颜色不好看时的救世主。

有了红色的食材，便当一定会变得非常鲜艳。但是，家里既没有圣女果也没有彩椒怎么办？为了解决这样的烦恼，家中常备一些便于保存的红姜、梅子，甚至红紫苏或涂抹番茄酱的小菜也可以给便当增加红色。没有红色食材也是可以制作便当的！

红姜

梅子

番茄酱菜肴

红紫苏

2 什么红色食材都没有的时候用便当盒和烘焙纸杯来演绎华丽的红色吧！

即使没有任何可以增添红色的食材也不要放弃。为了解决这个烦恼，只要准备红色的便当盒或红色的烘焙纸杯也可以，即使菜肴和米饭本身没有颜色，也能增添色彩。

3 将鸡蛋卷切一刀，无色的菜肴也能变鲜艳！

昨晚只剩了一点菜，却是褐色的……这个时候，可以使用卷入煎鸡蛋中的技巧。用2个鸡蛋制作煎蛋，在中间卷入菜肴。中间卷入的菜肴如果是酱油味，蛋液就要比平时稍稍甜一点，这样味道会更加均衡。

4 充分利用蜡纸。

蜡纸可以在杂货店买到。将它放在便当盒中，即使菜肴很普通，也能摇身变成外观靓丽的便当。特别是红色的蜡纸，还可以提升便当的色彩，一举两得。普通的蜡纸可能会因为水分的浸泡而破碎，使用时要小心。

有各种各样的种类！

揉出褶皱

打开，铺在便当盒中

放上菜肴

完成！
边框效果十分可爱

5 只要放进去就能使便当变可爱，常备小圆点形状的食材。

只需要在做好的便当上点缀一点点，便当就能像变魔术一样瞬间变可爱，这就是小圆点的食材。比如，鲜艳的绿色毛豆和黄色的玉米粒等，只需要洒在便当中，一下就能让便当变得华丽起来！还有，装饰上有一粒一粒豌豆的豆荚，会急剧提升诱人程度。一定要试一试哦。

只要放进去就很可爱！

豌豆荚

冷冻毛豆

冷冻玉米粒

6 在米饭上做个诱人的装饰吧！

即使不能挽回地将菜肴做成了很普通的样子，还可以在米饭部分进行装饰。将小小的梅子或梅肉排列在米饭上，就能体现出节奏感，梅子也可以做成心形或星形，还可以用漂亮的拌饭料装饰……米饭就是一块白色的画布，自由地发挥想象，去创造吧！

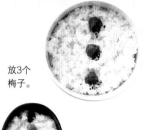
放3个梅子。

用梅子做成心形。

撒入玉米。

红紫苏和梅肉。

7 拱形盖子的便当盒，可以放入丰富的菜肴，却不会被挤压。

就算做好时非常漂亮，但是一打开盖子，菜肴都被挤得乱七八糟，这也不能叫作"超赞便当"。能解决这个烦恼的是拱形盖子的便当盒。即使盛入摆盘样式的丰富便当，与盖子之间也能有空隙，可以一直保持漂漂亮亮的。特别是制作超大量盖饭的时候特别实用。

虽然外观看着很普通……

但是因为盖子是拱形的，所以能一直保持便当的美观！

8 加双一次性叉子，提升女孩魅力！

为什么女孩子都喜欢"咖啡店风"呢？即使便当很普通，只需要给便当盒加入一点"咖啡店风"，就能瞬间提高来自女孩子们的"称赞度"。比如，将自然风格的一次性叉子用彩色胶带粘在便当盒上，这样就可以打造气氛。

将一次性叉子用彩色胶带粘贴。

9 用彩色胶带制作独特的
点心签

市面上的点心签有的很幼稚，有的很成熟，基本没有十几岁女孩能接受的样子。那么，就用彩色胶带自己制作吧。在牙签的尾部卷上彩色胶带，剪成1cm左右的长度，再剪出三角形的缺口，就能做成可爱的旗帜形点心签。

10 彩色胶带的饭团标签可爱又
易懂!

只要对简单的饭团便当稍加改动就能变成女孩子的风格。将饭团用保鲜膜包起来，贴上写好馅料名称的彩色胶带，就能像标签一样一目了然，而且又很可爱，一举两得。这样的小改动就是"超赞便当"的秘诀。

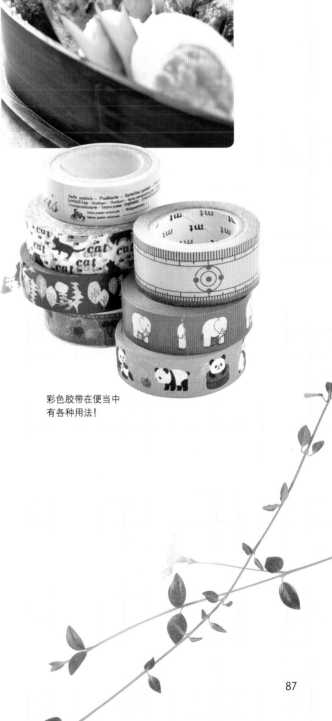

彩色胶带在便当中
有各种用法!

写上馅料名称就会十分亲切!

结束语

其实，我想在这里讲一下与这本书的编辑的故事。

小 I 是在出版社工作的主妇，也是做便当的女人，而且她还是我前一本书《大叔便当》的狂热粉丝。"现在没有任何一本书能超越《大叔便当》，也许再做不出比它更好的书了吧……我觉得它是我所有书中最棒的一本，简直是《圣经》一样的存在！"和小 I 第一次见面时她就是这样热情地对我表白的，她十分喜爱《大叔便当》这本书。

　　做这本书时，每次写完一章我就会将原稿寄送给出版社，每次小I都会告诉我："今天我又做了某某页的这个便当，真的是用冰箱里的东西就能全部做出来！这本书特别实用！"小I是这本书的第一个快乐用户。为了给女儿制作便当，小I在这本书还处于原稿阶段就尝试制作了里面的菜肴，她还特别高兴地跟我说："几乎没有夸奖过我的女儿，第一次称赞了我做的便当！"小I的话又一次鼓励了我，让我得到了勇气，完成了这本书。我很感谢她。

　　最后，还有我的朋友们。每次和他们交谈后，我都能得到与众不同的灵感、充满智慧的建议以及短暂的休息。他们还给了我无尽的欢笑。

　　真的非常感谢！

井上佳苗

井上佳苗

　　人气料理的博客作家。2005年开始记录育儿日记和每天晚饭的博客——老妈的晚饭和孩子们的乱跑日记，每日的访问量高达12万，作为菜谱博客作家人气指数居高不下。现在，家人有丈夫、儿子天吉（大学生）、女儿小娜（中学生）、小女儿小思（中学生）和狗狗小明。出版多部书籍，包括《天吉老妈早上15分钟做的便当，操作和时间只需一点点！满满的爱意！大叔便当》（每日交流）、《天吉老妈的每日饭菜》系列（宝岛社）等。活跃于杂志、电视、食品企业的菜谱规划等活动中。

图书在版编目（CIP）数据

今日便当 /（日）井上佳苗著；刘晓冉译. -- 海口：
南海出版公司, 2017.4（2021.6重印）
ISBN 978-7-5442-8530-8

Ⅰ.①今… Ⅱ.①井… ②刘… Ⅲ.①食谱—日本
Ⅳ.①TS972.183.13

中国版本图书馆CIP数据核字(2016)第234488号

JINRI BIANDANG
今日便当

策划制作：北京书锦缘咨询有限公司（www.booklink.com.cn）
总 策 划：陈　庆
策　　划：李　伟

作　　者：[日]井上佳苗
译　　者：刘晓冉
责任编辑：张　媛　雷珊珊
排版设计：柯秀翠
出版发行：南海出版公司 电话：（0898）66568511（出版）（0898）65350227（发行）
社　　址：海南省海口市海秀中路51号星华大厦五楼 邮编：570206
电子信箱：nhpublishing@163.com
经　　销：新华书店
印　　刷：北京美图印务有限公司
开　　本：889毫米×1194毫米　1/16
印　　张：6
字　　数：168千
版　　次：2017年4月第1版　2021年6月第9次印刷
书　　号：ISBN 978-7-5442-8530-8
定　　价：39.80元